MATHEMATIQUES
&
APPLICATIONS

Directeurs de la collection:
G. Allaire et M. Benaïm

46

T0224574

MATHEMATIQUES & APPLICATIONS
Comité de Lecture / Editorial Board

Directeurs de la collection:
G. ALLAIRE et M. BENAÏM

Instructions aux auteurs:

Les textes ou projets peuvent être soumis directement à l'un des membres du comité de lecture avec
copie à G. ALLAIRE ou M. BENAÏM. Les manuscrits devront être remis à l'Éditeur in fine prêts
à être reproduits par procédé photographique.

Jean-Pierre Françoise

Oscillations
en biologie

Analyse qualitative et modèles

 Springer

Jean-Pierre Françoise
Laboratoire J.-L. Lions, UMR 7598 CNRS
Université P.-M. Curie, Paris VI
175 rue du Chevalevet
BC187, 75252 Paris, France
jpf@math.jussieu.fr

Mathematics Subject Classification (2000): 34Cxx, 34Dxx, 34Exx, 35K57, 376xx,
37N25, 58Kxx, 70Kxx, 92Cxx

ISSN 1154-483X
ISBN-10 3-540-25152-9 Springer Berlin Heidelberg New York
ISBN-13 978-3-540-25152-1 Springer Berlin Heidelberg New York

Springer est membre du Springer Science+Business Media GmbH
© Springer-Verlag Berlin Heidelberg 2005
springeronline.com
Imprimé en Allemagne

Imprimé sur papier non acide   41/3142/YL - 5 4 3 2 1 0 -

A Stéphanie, Mathieu, Gabriel et Sylvain

Avant-propos

Ce livre est le résultat d'une réflexion sur les notions de bases de l'analyse qualitative utilisées couramment en modélisation. Les exemples de modèles considérés ici sont surtout (mais pas exclusivement) empruntés aux sciences de la vie. Cette réflexion est d'abord née d'une démarche d'enseignement à travers laquelle, depuis quelques années, j'essayais de faire comprendre à mes étudiants l'analyse qualitative à partir d'exemples de situations concrètes. Cette réflexion pédagogique est partie de la lecture des ouvrages classiques sur les oscillations ([Andronov-Vitt-Khaikin, 1966], [Krylov-Bogoliubov, 1943], [Lefschetz, 1957], [Minorsky, 1962], [Rocard, 1943],[Stoker, 1950]) et leur stabilité ([Malkin, 1952, 1956], [Roseau, 1977]) puis elle s'est nourrie des travaux en électrophysiologie dans la tradition de ceux de Hodgkin et Huxley, des dynamiques de populations et des dynamiques moléculaires et enzymatiques.

J'ai par la suite réalisé l'importance des outils de l'analyse qualitative dans l'approche théorique de la physiologie. Claude Bernard ([Bernard, 1868]) avait énoncé le principe d'homéostasie selon lequel les organes des êtres vivants répondent aux fluctuations extérieures en essayant de ramener leur comportement à des conditions de stabilité et de stationnarité. Dans les années cinquante, le rôle des rythmes périodiques (comme les rythmes circadiens) était compris. Plus récemment, les rythmes complexes comme les oscillations en salves, les phénomènes de synchronisation, sont couramment décrits dans les livres de physiologie.

Le livre est formé avec ses cinq premiers chapitres d'une approche de l'analyse qualitative : aspects topologiques, stabilité, théorie des bifurcations, théorie des perturbations classiques et des perturbations singulières, oscillateurs faiblement couplés. Chaque chapitre est accompagné d'une liste d'exercices commentés qui permettent l'initiation progressive à des modèles. Le chapitre 6 aborde le thème des ondes stationnaires à une dimension spatiale et discute le rapport avec l'analyse qualitative. Le dernier chapitre introduit l'approche à la Hodgkin-Huxley et se concentre surtout sur deux modélisations particulières. La première se fonde sur la synchronisation des oscillateurs faiblement couplés et elle décrit la formation du rythme cardiaque dans le noeud sinusal. L'autre s'appuie sur la théorie des bifurcations et sur les dynamiques lentes-rapides et elle concerne les oscillations en salves.

C'est un grand plaisir pour moi de remercier tous ceux qui m'ont aidé au travers de passionnantes discussions. En particulier, je souhaite exprimer toute ma reconnaissance à J.-P. Aubin, F. Calogero, C. Doss-Bachelet, A. Goldbeter, C. Piquet (les figures de ce texte sont inspirées de publications faites en collaboration) et Y.Yomdin. R. Roussarie m'a beaucoup aidé avec une lecture attentive du manuscript et de précieux conseils. J'exprime une reconnaissance particulière à J. Demongeot qui est à l'origine de mon intérêt pour la modélisation biomédicale.

Paris, Octobre 2004   *Jean-Pierre Françoise*

Table des matières

1 Dynamique qualitative et théorie des oscillations 1
  1.1 Les théorèmes fondamentaux : le théorème d'existence et d'unicité des solutions, le lemme de Gronwall, la dépendance régulière en fonction des données initiales et d'un paramètre .. 1
  1.2 Flot, portrait de phase, points singuliers, section transverse, théorème de redressement du flot, ensemble ω-limite et α-limite, orbites périodiques et application de premier retour. . 4
  1.3 Les champs de vecteurs du plan, exemples de points singuliers, les systèmes conservatifs et dissipatifs, les cycles limites 9
  1.4 Le théorème de Poincaré-Bendixson 13
  1.5 Indice et degré 15
  1.6 La stabilité structurelle 18
  1.7 La notion de forme normale 19
  Problèmes 20

2 La théorie de la stabilité 27
  2.1 La stabilité des systèmes linéaires 27
  2.2 La stabilité d'une solution, le cas d'un point singulier et le théorème de Poincaré-Lyapunov 28
  2.3 La méthode directe de Lyapunov 31
  2.4 Les variétés invariantes d'un point singulier 34
  2.5 La stabilité asymptotique d'une solution générale, la stabilité orbitale 39
  2.6 La théorie de Floquet d'une orbite périodique 39
  2.7 Les variétés invariantes d'une orbite périodique 43
  2.8 La phase asymptotique d'une orbite périodique 43
  2.9 Persistance des points singuliers hyperboliques et des orbites périodiques hyperboliques, les variétés invariantes normalement hyperboliques 44

2.10 Attracteur, bassin d'attraction et multistabilité, points non
      errants, stabilité structurelle 48
Problèmes 49

3   La théorie des bifurcations 53
3.1   Notions de déploiement universel et de codimension d'une
      bifurcation 53
3.2   Le théorème de Sotomayor, le pli, la bifurcation transcritique,
      la fronce et la fourche pour les champs de vecteurs généraux .. 53
3.3   Calculs explicites en dimension un 55
      3.3.1   Bifurcation pli pour un système différentiel de
              dimension un 55
      3.3.2   La bifurcation transcritique pour un système
              différentiel de dimension un 55
      3.3.3   Bifurcation fronce pour un système différentiel
              de dimension un 56
3.4   La théorie des catastrophes de Thom 56
3.5   La bifurcation de Hopf 61
3.6   La théorie de Hopf-Takens et la théorie de Bautin 64
3.7   Bifurcations d'orbites périodiques 69
      3.7.1   La bifurcation pli d'un cycle limite 69
      3.7.2   Bifurcation de cycles limites par déformation continue
              d'une orbite périodique d'un système périodique. 70
      3.7.3   La bifurcation homocline de champs de vecteurs du plan 71
      3.7.4   Le doublement de période 71
3.8   La bifurcation de Bogdanov-Takens. 72
Problèmes 74

**4   La théorie classique des perturbations et les perturbations
      singulières** 79
4.1   Un théorème de moyennisation de Fatou 80
4.2   Existence d'orbites périodiques 82
4.3   L'approximation au second ordre par la méthode de
      moyennisation pour le cas périodique. 83
4.4   La méthode de moyennisation dans le cas quasi périodique 84
4.5   Développements asymptotiques et solutions périodiques 87
4.6   L'approche à deux échelles de temps 88
4.7   La découverte des oscillations de relaxation 90
4.8   L'excitabilité d'un attracteur, le système de FitzHugh-Nagumo 92
4.9   L'approche générale des dynamiques lentes-rapides, les
      variétés lentes 93
4.10 Le théorème de Tikhonov 96
4.11 Systèmes lents-rapides génériques, théorie des singularités et
      formes normales au voisinage des points de décrochage et
      d'accrochage 100

Problèmes 102

5   Systèmes d'oscillateurs couplés 105
   5.1   Couplage d'oscillateurs linéaires, les battements et les modes
      normaux... 105
   5.2   Systèmes d'oscillateurs conservatifs couplés 106
   5.3   Coordonnées "amplitude-phase" au voisinage d'une orbite
      attractive.. 108
   5.4   Accrochage des fréquences et accrochage des phases 108
   5.5   Orbites périodiques des systèmes linéaires 110
   5.6   Le théorème de Malkin dans le cas quasi-linéaire 112
   5.7   Le théorème de Roseau................................. 113
   5.8   Stabilité de l'orbite périodique et accrochage des phases 118
   5.9   Application à la perturbation d'un système autonome 120
   5.10 Le nombre de rotation 121
   Problèmes 125

6   Solutions ondes stationnaires et systèmes dynamiques 131
   6.1   La méthode des caractéristiques, l'évolution des fronts
      d'onde, l'équation d'advection, l'équation de Burgers sans
      diffusion... 131
   6.2   Le système de Fermi-Pasta-Ulam et l'équation de
      Korteweg-de Vries 133
   6.3   L'équation de Fisher 136
   6.4   L'équation bistable 140
   6.5   Trains d'ondes stationnaires engendrés par des équations
      de réaction-diffusion lorsque la dynamique de réaction a un
      cycle limite 144
   Problèmes 145

7   Electrophysiologie, synchronisation et oscillations en salves 149
   7.1   L'électrophysiologie de l'axone, le potentiel membranaire et
      les canaux ioniques, la forme du potentiel d'action et sa
      propagation... 149
   7.2   Le système de FitzHugh-Nagumo et les équations de
      Hodgkin-Huxley 153
   7.3   L'électrophysiologie cardiaque, le noeud sinusal, les fibres de
      His, les ventricules 154
   7.4   L'approche phénoménologique de Noble pour les fibres de
      Purkinje.. 155
   7.5   Le modèle de Yanagihara-Noma-Irizawa pour le noeud sinusal. 156
   7.6   L'initialisation du rythme cardiaque dans le noeud sinusal 157
   7.7   Arythmies du noeud auriculo-ventriculaire et applications du
      cercle 159

7.8   Quelques modèles physiologiques présentant des oscillations
      en salves 160
7.9   Oscillations en salves, quelques exemples mathématiques 163
      Problèmes 165

Littérature 167

Index 177

1

Dynamique qualitative et théorie des oscillations

Les ouvrages sur la théorie des oscillations (en particulier ceux de l'école d'Andronov [Andronov-Vitt-Khaikin, 1966] mettent l'accent sur l'universalité du phénomène des oscillations qui intervient en physique, biologie, économie, dynamique des populations, ect...Ils distinguent traditionnellement les oscillations linéaires des oscillations non linéaires. A leur lecture, on comprend mieux la génèse du concept d'oscillation qui se forme à partir des multiples situations expérimentales. Andronov distingue les systèmes auto-oscillants (qui n'ont pas besoin d'un forçage périodique extérieur pour osciller) des systèmes d'oscillateurs forcés. Il identifie les oscillations des systèmes auto-oscillants avec les oscillations des cycles limites de Poincaré. Cette identification nous paraît aujourd'hui évidente et nous la passons sous silence. Il n'est pas sûr que ce raccourci soit heureux d'un point de vue pédagogique car il est au fondement de l'intérêt de la dynamique qualitative pour la modélisation.

1.1 Les théorèmes fondamentaux : le théorème d'existence et d'unicité des solutions, le lemme de Gronwall, la dépendance régulière en fonction des données initiales et d'un paramètre

Le théorème fondamental d'existence et unicité des solutions des équations différentielles est une conséquence directe du théorème du point fixe appliqué dans un certain espace fonctionnel. Il ne permet a priori de contrôler la solution que pendant un temps court. Par contraste les méthodes de moyennisation le permettent sur des temps longs et le théorème de stabilité de Poincaré-Lyapunov donne le premier exemple d'asymptotique. Un outil clef pour démontrer ces résultats plus fins que le théorème d'existence est le lemme de Gronwall. Pour le confort de la lecture, on inclut ici les démonstrations de ces résultats de base. On supposera néanmoins connues les notions fondamentales de topologie et de calcul différentiel, en particulier, le théorème des fonctions implicites, le théorème de Jordan, les notions de variété différentiable, d'immersion, plongement et difféomorphisme, germe d'une donnée différentiable (champ de vecteurs, fonction, difféomorphisme).

Théorème 1. *Le théorème fondamental*
On considère une équation différentielle

$$\frac{dx}{dt} = f(x,t), \quad x \in R^n, \quad t \in R,$$

et on suppose que le second membre de l'équation est donné par une fonction f qui est Lipschitzienne de rapport K par rapport à x, uniformément en $t \in [-a, a]$. Soit x_0 une donnée initiale, il existe une seule solution $x(t)$ de l'équation différentielle qui satisfait $x(0) = x_0$ et qui est définie sur l'intervalle $[-c, c]$ avec $c < \mathrm{Min}(a, 1/K)$.

Preuve. Cette solution satisfait l'équation intégrale

$$x(t) = x(0) + \int_0^t f(x(u), u)du.$$

On considère l'espace des fonctions continues $y \in C^0([-a, a])$ muni de la norme $\| y \| = \mathrm{Max}_{t \in [-a,a]} \| y(t) \|$. Soit $L : C^0([-a, a]) \mapsto C^0([-a, a])$ l'opérateur linéaire défini par

$$L(y)(t) = x(0) + \int_0^t f(y(u), u)du.$$

Cet opérateur satisfait

$$L(y)(t) - L(y')(t) = \int_0^t [f(y(u), u) - f(y'(u), u)]du,$$

et donc

$$\| L(y) - L(y') \| \leq c.K \| y - y' \|.$$

Si on impose $c < \mathrm{Min}(a, 1/K)$, on obtient que l'opérateur L est une contraction. Il possède donc un unique point fixe dans l'espace fonctionnel $C^0([-a, a])$. Cet unique point fixe est une fonction continue qui est solution de l'équation différentielle (et de fait, elle est différentiable) et ceci démontre l'existence et l'unicité cherchée. □

Un cas particulier important pour les applications est celui où f est supposée différentiable. Dans ce cas, le théorème des accroissements finis démontre que f satisfait une condition de Lipschitz locale.

Théorème 2. *Le lemme de Gronwall*
Soit $\phi(t)$ une fonction continue, à valeurs positives définie sur un intervalle $t_0 \leq t \leq t_0 + T$ qui satisfait une inégalité du type :

$$\phi(t) \le \delta_1 \int_{t_0}^{t} \phi(s)ds + \delta_2(t - t_0) + \delta_3,$$

alors on peut majorer la fonction par

$$\phi(t) \le (\frac{\delta_2}{\delta_1} + \delta_3)\exp[\delta_1(t - t_0)] - \frac{\delta_2}{\delta_1},$$

pour toute valeur de t comprise dans l'intervalle $[t_0, t_0 + T]$.

Preuve. On peut poser

$$\psi(t) = \phi(t) + \frac{\delta_2}{\delta_1}$$

et obtenir l'inégalité

$$\psi(t) \le \delta_1 \int_{t_0}^{t} \psi(s)ds + \frac{\delta_2}{\delta_1} + \delta_3.$$

Ceci donne donc l'inégalité

$$\frac{\delta_1 \psi(t)}{\delta_1 \int_{t_0}^{t} \psi(s)ds + \frac{\delta_2}{\delta_1} + \delta_3} \le \delta_1.$$

Puis par intégration

$$\log[\delta_1 \int_{t_0}^{t} \psi(s)ds + \frac{\delta_2}{\delta_1} + \delta_3] - \log(\frac{\delta_2}{\delta_1} + \delta_3) \le \delta_1(t - t_0),$$

ce qui donne

$$\delta_1 \int_{t_0}^{t} \psi(s)ds + \frac{\delta_2}{\delta_1} + \delta_3 \le (\frac{\delta_2}{\delta_1} + \delta_3)e^{\delta_1(t-t_0)}.$$

Si on applique à nouveau l'inégalité initiale, il vient

$$\psi(t) \le (\frac{\delta_2}{\delta_1} + \delta_3)e^{\delta_1(t-t_0)},$$

et en revenant à la fonction $\phi(t)$, on obtient l'inégalité cherchée.

□

Théorème 3. *On considère une équation différentielle*

$$\frac{dx}{dt} = f(x, t, \lambda),$$

et on suppose que le second membre de l'équation est donné par une fonction f qui est Lipschitzienne de rapport K par rapport à x uniformément par rapport à un paramètre λ et par rapport à $t \in [-a, +a]$. Il existe une unique solution maximale $\phi = \phi(t, t_0, x_0)$ telle que $\phi(t_0, t_0, x_0) = x_0$, définie sur un intervalle maximum $I(t_0, x_0) = (\omega_-(t_0, x_0, \lambda), \omega_+(t_0, x_0, \lambda))$.

On se pose ici la question de la régularité de la dépendance de la solution en fonction de (t_0, x_0, λ). On commence par remarquer que la dépendance en fonction du paramètre additionnel λ se ramène à la dépendance en fonction de (t_0, x_0) en remplaçant le système par

$$\dot{x} = f(x, t, \lambda), \quad \dot{\lambda} = 0.$$

Le lemme de Gronwall a la conséquence immédiate suivante

Théorème 4. *Régularité de la solution en fonction des données initiales*

Pour $t \in I(t_0, x_0) \cap I(t_0, y_0)$, on a

$$\mid \phi(t, t_0, x_0) - \phi(t, t_0, y_0) \mid \leq \exp(K \mid t - t_0 \mid) \mid x_0 - y_0 \mid .$$

Il s'ensuit que la solution dépend continûment de la donnée initiale.

La dépendance continue en fonction de t_0 s'obtient plus directement et sa démonstration est laissée au lecteur. Plus généralement, si on suppose que le champ de vecteurs est différentiable, on peut montrer que la solution dépend aussi de façon différentiable de (t_0, x_0).

1.2 Flot, portrait de phase, points singuliers, section transverse, théorème de redressement du flot, ensemble ω-limite et α-limite, orbites périodiques et application de premier retour.

Soit U un ouvert de R^n, un champ de vecteurs X de classe C^k sur U est la donnée d'une application $X : U \to R^n$ de classe C^k

$$X : x = (x_1, \dots x_n) \mapsto (f_1(x), \dots, f_n(x)). \tag{1.1}$$

On lui associe le système différentiel

$$\dot{x}_i = f_i(x_1, \dots, x_n), \quad i = 1, \dots n, \tag{1.2}$$

où les fonctions $x = (x_1, \dots, x_n) \mapsto f_i(x)$ (appelées composantes du champ de vecteurs X) sont des fonctions de classe C^k sur l'ouvert U.

D'après le théorème 1, il existe une solution maximale unique $x(t)$ aux équations (1.1) telle que $x(0) = x_0$.

Définition 1. *La correspondance $\phi_t : x_0 \mapsto x(t)$ qui associe à une donnée initiale x_0 la valeur de la solution maximale $x(t)$ au temps t, qui correspond à cette donnée initiale, est appelée le flot au temps t du champ de vecteurs X. Le flot du champ de vecteurs est l'application qui associe à (t, x) la solution maximale $x(t)$ au temps t qui correspond à la donnée initiale x :*

$$(t, x) \mapsto \phi(t, x) = \phi_t(x) = x(t).$$

Le flot est dit complet lorsque cette correspondance est définie pour toute valeur de $t \in [-\infty, +\infty]$.

Définition 2. *L'orbite (ou courbe intégrale) γ du champ de vecteurs X passant par le point x_0 est la courbe différentiable formée des points $x(t)$ de U donnés par la solution de (1.1) avec donnée initiale x_0. Cette courbe est orientée par le sens de variation de t. Sa tangente au point $x(t)$ est la droite affine passant par $x(t)$ de direction le vecteur $X(x(t))$. On distingue éventuellement l'orbite positive $\gamma_+ = \{x(t), t \geq 0\}$ et l'orbite négative $\gamma_- = \{x(t), t \leq 0\}$ passant par le point $x(0) = x_0$.*

Le portrait de phase du champ de vecteurs X est la partition de l'ouvert U en les orbites. Le théorème 1 implique que la décomposition en orbites définit une partitition de l'ouvert U. L'analyse qualitative a pour objet d'étudier les caractéristiques géométriques du portrait de phase.

Définition 3. *Un point singulier du champ de vecteurs X est un point x_0 où toutes les composantes du champ s'annulent simultanément :*

$$f_i(x_0) = 0, \qquad i = 1, ..., n.$$

On dit aussi que x_0 est un zéro du champ de vecteurs ou éventuellement une position d'équilibre. Un point qui n'est pas singulier est dit régulier.

Définition 4. *Soit X un champ de vecteurs différentiable défini sur un ouvert U de R^n. Soit A un ouvert de R^{n-1}. Une section transverse locale du champ X est une application différentiable $f : A \to U$ telle que en tout point $a \in A$, $Df(a)(R^{n-1}) \bigoplus X(f(a)) = R^n$. On munit $\Sigma = f(A)$ de la topologie induite. Si $f : A \to \Sigma$ est un homéomorphisme, on dit que Σ est une section transverse au champ X.*

Définition 5. *Deux champs de vecteurs X et Y de classe C^k sont dits topologiquement équivalents s'il existe un homéomorphisme h qui envoie les orbites de X sur celles de Y en préservant l'orientation. Si on note $\phi(t,x)$ (resp. $\psi(t,x)$) les flots de X (resp. Y), étant donné un point p et un réel $\delta > 0$, il existe donc un ϵ tel que pour t, $0 < t < \delta$, il existe un t', $0 < t' < \epsilon$, tels que*

$$h(\phi(t,p)) = \psi(t', h(p))$$

Définition 6. *Deux champs de vecteurs X et Y de classe C^k sont dits conjugués par un difféomorphisme (resp. topologiquement conjugués) s'il existe un difféomorphisme h (resp. un homéomorphisme) qui envoie les orbites de X sur les orbites de Y en conservant le temps. Autrement dit, si on désigne par $\phi(t,x)$ et $\psi(t,x)$ les flots de X et de Y, on a*

$$h(\phi(t,x)) = \psi(t, h(x)).$$

Si le difféomorphisme $h : U \to U$ est défini sur le même ouvert U d'une variété, la conjugaison par le difféomorphisme h est équivalent à la réécriture du champ de vecteurs dans un autre système de coordonnées.

Théorème 5. *Soit X un champ de vecteurs de classe C^k défini sur un ouvert de R^n et soit p un point régulier du champ X. Soit $f : A \to \Sigma$ une section transverse locale de X telle que $f(0) = p$. Il existe un voisinage V de p et un difféomorphisme h de classe C^k : $h : V \to (-\epsilon, +\epsilon) \times B$ où B est une boule ouverte de R^{n-1} centrée à l'origine, tel que*

(i) $h(\Sigma \cap V) = 0 \times B$

(ii) h est une conjugaison de classe C^k entre le champ X restreint à V et le champ constant Y

$$Y : (-\epsilon, +\epsilon) \times B \to R^n, \quad Y = (1, 0, 0, ..., 0) \in R^n.$$

On désigne par $\phi(t, p)$ le flot du champ de vecteurs au temps t appliqué au point p. On définit l'application $F : (t, u) \mapsto \phi(t, f(u))$. Cette application envoie, bien sûr, les segments de droites parallèles à l'axe des ordonnées sur les orbites de X. L'application linéaire tangente $DF(0)$ est un isomorphisme et d'après le théorème de l'inverse local, il s'ensuit que F est un difféomorphisme local. On peut donc choisir un voisinage $(-\epsilon, +\epsilon) \times B$ de l'origine tel que F restreint à ce voisinage soit un difféomorphisme sur l'image $V = F((-\epsilon, +\epsilon) \times B)$. On pose h égal à la restriction de F^{-1} à ce voisinage V. On a alors, $h(\Sigma \cap V) = 0 \times B$ et

$$Dh^{-1}(t, u).Y(t, u) = \frac{dF(t, u)}{dt} = X(F(t, u)) = X(h^{-1}(t, u)).$$

Corollaire 1. *Soit Σ une section transverse locale de X. Soit p un point de Σ. Il existe $\epsilon(p)$ et un voisinage V de p et une fonction $\tau : V \to R$ de classe C^k telle que $\tau(V \cap \Sigma) = 0$ et*

(i) Pour tout point $q \in V$, la courbe intégrale $\phi(t, q)$ de $X|V$ existe pour toute valeur de $t \in (-\epsilon + \tau(q), +\epsilon + \tau(q))$.

(ii) Le point q appartient à Σ si et seulement si $\tau(q) = 0$.

Il suffit en effet de montrer ce résultat pour un champ constant, où il est évident, puis d'observer que le résultat subsiste par conjugaison.

Définition 7. *Soit $\phi(t, p)$ une courbe intégrale du champ de vecteurs X, définie sur un ouvert U de R^n, qui passe par le point p. On suppose cette courbe intégrale définie sur un intervalle maximal (α, β).*

Si $\beta = +\infty$, on définit l'ensemble ω-limite de l'orbite comme

$$\omega(p) = \{q \in U, \text{il} \quad \text{existe} \quad \text{une} \quad \text{suite} \quad t_n \to \infty, \lim_{n \to \infty} \phi(t_n) = q\}.$$

De même, dans le cas où $\alpha = -\infty$, on définit l'ensemble α-limite de l'orbite comme

$$\alpha(p) = \{q \in U, \text{il} \quad \text{existe} \quad \text{une} \quad \text{suite} \quad t_n \to -\infty, \lim_{n \to \infty} \phi(t_n) = q\}.$$

Si γ_p désigne l'orbite passant par p et si $q \in \gamma_p$, alors $\omega(p) = \omega(q)$. Ceci justifie la définition suivante :

Définition 8. *L'ensemble ω-limite (resp. α-limite) d'une orbite γ est l'ensemble $\omega(p)$ où p est un point quelconque de γ. On le désigne par $\omega(\gamma)$ (resp. $\alpha(\gamma)$).*

Dans le théorème suivant, on peut remplacer ω-limite par α-limite (avec des changements évidents).

Théorème 6. *Soit X un champ de vecteurs de classe C^k défini sur un ouvert U. On suppose que la demi-orbite positive d'un point : $\gamma^+(p) = \{\phi(t,p), t \geq 0\}$ est contenue dans un compact K de U. Alors $\omega(p)$ est non vide, compact connexe et invariant par le flot.*

Preuve. Soit t_n une suite de réels qui tend vers l'infini. Comme la suite $\phi(t_n, p)$ est contenue dans un compact, il existe une sous-suite convergente. Soit q la limite de cette sous-suite, on a $q \in \omega(p)$ et il s'ensuit que $\omega(p)$ est non vide.

Soit q_n une suite de $\omega(p)$ qui converge vers un point q. On va montrer que $q \in \omega(p)$. On a donc une suite t_m^n telle que : $\phi(t_m^n, p) \to q_n$. On choisit $m(n)$ tel que $t_n = t_{m(n)}^n > n$ et $d(\phi(t_n, p), q_n) < \frac{1}{n}$. On a $d(\phi(t_n, p), q) \to 0$ et donc $q \in \omega(p)$. L'ensemble $\omega(p)$ est un fermé contenu dans un compact, il est donc compact.

Le fait que $\omega(p)$ est invariant par le flot est évident. On démontre maintenant qu'il est connexe. Par l'absurde, on suppose que $\omega(p)$ est formé de deux fermés disjoints A et B et on pose $d = d(A, B)$. Il existe une suite t_n' qui tend vers l'infini telle que $\phi(t_n', p) \to a \in A$ et une autre suite $t"_n$ telle que $\phi(t"_n, p) \to b \in B$. On peut donc former une nouvelle suite t_n dont les termes pairs satisfont $d(\phi(t_n, p), A) < d/2$ et les termes impairs $d(\phi(t_n, p), A) > d/2$. La fonction $f(t) = d(\phi(t, p), A)$ est une fonction continue sur le segment (t_n, t_{n+1}) qui prend des valeurs supérieures et inférieures à $d/2$. D'après le théorème des valeurs intermédiaires, il existe donc une valeur τ_n telle que $d(\phi(\tau_n, p), A) = d/2$. On peut extraire de la suite $\phi(\tau_n, p)$ une suite convergente dont on désigne par $q*$ sa limite. On a $q* \in \omega(p)$ et de plus $d(q*, A) = d/2$ et $d(q*, B) \geq d(A, B) - d(q*, A) = d/2$. Il s'ensuit que $q*$ n'appartient ni à A ni à B, ce qui est contradictoire. $\qquad\square$

Définition 9. *Une orbite périodique d'un champ de vecteurs X est une orbite passant par un point x_0, qui n'est pas un point singulier, pour lequel il existe un nombre $T > 0$ appelé période vérifiant*

$$x(T) = x(0).$$

On qualifie de période minimale, le plus petit nombre réel positif T qui satisfait cette condition. Les multiples de la période minimale sont aussi des périodes. Lorsqu'on ne précise pas plus, par exemple pour une orbite périodique de période T, on comprend toujours la période minimale.

Soit Γ une orbite périodique d'un champ de vecteurs X de classe C^k défini par $\dot{x} = f(x)$, passant par le point x_0. Soit Σ un germe d'hyperplan transverse à Γ en x_0. Pour tout point $x \in \Sigma$ suffisamment proche de x_0, la solution du système différentiel passant par x pour $t = 0$ est notée $\phi_t(x)$.

Théorème 7. *On note*

$$\Gamma = \{x \mid x = \phi_t(x_0), 0 \le t \le T\},$$

l'orbite périodique de période T.

Soit Σ l'hyperplan orthogonal à Γ en x_0

$$\Sigma = \{x \mid (x - x_0).f(x_0) = 0\}.$$

Alors il existe $\delta > 0$ et une unique fonction $x \mapsto \tau(x)$ de classe C^k définie pour

$$x \in \Sigma, \quad \mid x - x_0 \mid < \delta,$$

telle que

$$\phi_{\tau(x)}(x) \in \Sigma.$$

La fonction $x \mapsto \tau(x)$ est appelée la fonction temps de premier retour.

Preuve. On définit la fonction de classe C^k :

$$F(t, x) = [\phi_t(x) - x_0].f(x_0).$$

De la périodicité de l'orbite périodique, il résulte que

$$F(T, x_0) = 0.$$

De plus, on a

$$\frac{\partial F(T, x_0)}{\partial t} = \frac{\partial \phi_t(x_0)}{\partial t} \mid_{t=T} .f(x_0) = f(x_0).f(x_0) = \mid f(x_0) \mid^2 \neq 0,$$

puisque x_0 ne peut pas être un point singulier du système différentiel. D'après le théorème des fonctions implicites, il existe une unique fonction $\tau(x)$ de classe C^k telle que $\tau(x_0) = T$ et

$$F(\tau(x), x) = 0,$$

ce qui est équivalent à

$$\phi_{\tau(x)}(x) \in \Sigma.$$

$\square$

Définition 10. *L'application*

$$P : x \mapsto P(x) = \phi_{\tau(x)}(x),$$

est appelée l'application de premier retour de Poincaré associée à l'orbite périodique Γ. Ce qui précède démontre qu'elle est de classe C^k.

L'application de Poincaré est un des outils importants d'investigation des orbites périodiques. On ramène l'étude d'un système différentiel de dimension n au voisinage de l'orbite à celle d'une application d'une section transverse de dimension $n-1$ dans elle-même. Pour cette raison, l'étude des systèmes différentiels de dimension n se ramène souvent à celle des systèmes dynamiques discrets (itération d'une application) de dimension $n-1$. On peut considérer des applications de premier retour au voisinage d'un ensemble invariant plus général qu'une orbite périodique. Le principe de la construction et la démonstration de l'existence est le même et il ne sera pas répété.

On distingue les systèmes dynamiques continus (associés aux solutions d'un système différentiel) des systèmes dynamiques discrets engendrés par l'itération d'une application (ou d'un difféomorphisme). On n'étudiera pas ici les systèmes dynamiques discrets pour leur intérêt propre. On introduit néanmoins la terminologie associée car il est commode de l'appliquer aux applications de premier retour de Poincaré. Pour une application F on désigne par $F^2, ..., F^n, ...$ les itérés successifs.

Définition 11. *Un point fixe d'une application est un point x tel que $F(x) = x$. Plus généralement, un point périodique de période n est un point fixe de l'itéré F^n :*

$$F^n(x) = x,$$

qui n'est pas un point fixe de F^m avec $m < n$.

Les points périodiques des applications jouent le rôle des orbites périodiques pour les systèmes discrets. Les points fixes jouent le rôle des points singuliers.

1.3 Les champs de vecteurs du plan, exemples de points singuliers, les systèmes conservatifs et dissipatifs, les cycles limites

Dans ce paragraphe, on considère le cas particulier de la dimension deux. Un champ de vecteurs du plan est défini par un système d'équations différentielles

$$\frac{dx}{dt} = f(x,y), \quad \frac{dy}{dt} = g(x,y), \tag{1.3}$$

où les deux fonctions $(f(x,y), g(x,y))$ sont supposées suffisamment régulières (au moins de classe C^1) pour que la solution $(x(t), y(t))$ avec donnée initiale $(x(0), y(0))$ existe et soit unique. Le flot défini en toute dimension dans le paragraphe précédent s'écrit ici en particulier sous la forme : $(x(0), y(0)) \mapsto (x(t), y(t))$. Pour $(x(0), y(0))$ fixé, l'ensemble des points du plan de la forme $(x(t), y(t))$ constitue l'orbite du système différentiel passant par le point $(x(0), y(0))$. La partition du plan en les orbites du système différentiel s'appelle le plan de phase.

Un point singulier du système différentiel (1.3) est un point $(x(0), y(0))$ tel que :

$$f(x(0), y(0)) = g(x(0), y(0)) = 0.$$

Définition 12. *Un point singulier est dit générique (ou simple) si la Jacobienne*

$$J(x(0), y(0)) = (\frac{\partial f}{\partial x}\frac{\partial g}{\partial y} - \frac{\partial f}{\partial y}\frac{\partial g}{\partial x})(x(0), y(0))$$

est différente de 0.

Soient λ et μ les deux valeurs propres de la matrice $J(x(0), y(0))$. On suppose donc que $\lambda.\mu \neq 0$.

Si les deux valeurs propres sont réelles et de signes distincts, le point singulier est appelé col. Si les deux valeurs propres sont réelles et de même signe, le point est un noeud (stable ou instable selon le signe commun des valeurs propres). Dans le premier cas, le point singulier est un attracteur, dans le second un répulseur. Si les deux valeurs propres sont complexes conjuguées de partie réelle non nulle, on a un foyer stable ou instable selon le signe de la partie réelle. On dit que le point singulier est un centre si toutes les orbites au voisinage du point singulier sont périodiques (ceci implique que les deux valeurs propres $\lambda = \overline{\mu}$ sont imaginaires pures, mais cette condition n'est pas suffisante).

Dans ce premier chapitre, on se borne à donner des exemples de champs de vecteurs linéaires ayant ces différents types de points singuliers.

Le premier exemple est donné par :

$$\dot{x} = x$$

$$\dot{y} = -y.$$

L'intégration de ce système est immédiate et l'origine est un point singulier de type col.

Le second exemple est :

$$\dot{x} = x$$

$$\dot{y} = y,$$

pour lequel l'origine est un noeud instable.

L'exemple suivant :

$$\dot{x} = -x$$

$$\dot{y} = -y,$$

possède un noeud stable.

Le champ de vecteurs

$$\dot{x} = y$$

$$\dot{y} = -x,$$

possède un centre à l'origine.

Enfin l'exemple

$$\dot{x} = y + \alpha x$$

$$\dot{y} = -x + \alpha y,$$

définit un foyer stable si $\alpha < 0$ et instable si $\alpha > 0$.

Définition 13. *Une fonction différentiable* $(x, y) \mapsto H(x, y)$ *est une intégrale première du système différentiel si :*

$$f(x,y)\frac{\partial H}{\partial x} + g(x,y)\frac{\partial H}{\partial y} = 0.$$

Un système différentiel défini sur un domaine du plan est dit conservatif s'il possède une intégrale première sur ce domaine. Dans le cas où il ne possède pas d'intégrale première, il est dit dissipatif.

On peut utiliser le terme intégrable au lieu de conservatif. Il peut être difficile dans certaines circonstances de montrer qu'un système donné n'est pas conservatif surtout si on ne précise pas plus la régularité de l'intégrale première.

Les systèmes Hamiltoniens constituent une classe particulière de systèmes conservatifs. Ce sont les systèmes pour lesquels il existe une fonction $(x, y) \mapsto H(x, y)$ pour laquelle le système s'écrit :

$$\dot{x} = \frac{\partial H}{\partial y}, \quad \dot{y} = -\frac{\partial H}{\partial x}. \tag{1.4}$$

Il est facile de vérifier que le système possède la fonction $H(x, y)$ comme intégrale première.

Définition 14. *Pour un système plan, on appelle cycle limite une orbite périodique qui est isolée dans l'ensemble des orbites périodiques.*

La notion d'oscillateur s'est progressivement imposée par son aspect universel à de nombreuses modélisations. La définition proposée par Y. Rocard [Rocard, 1943] est la suivante :

"Un oscillateur étant défini comme un système fermé, complet, capable de fournir et de maintenir une loi de variation périodique entretenue pour l'une au moins des variables qui fixent son état ou servent à le décrire".

Il n'est pas si facile de proposer une définition "d'oscillateur" dans le cadre de l'analyse qualitative. On peut avancer (en première approximation) la définition suivante :

Définition 15. *Un oscillateur est un système différentiel du plan qui est soit conservatif et dans ce cas il possède un continuum d'orbites périodiques (les composantes connexes des lignes de niveaux de l'intégrale première), soit dissipatif et dans ce cas il présente un cycle limite.*

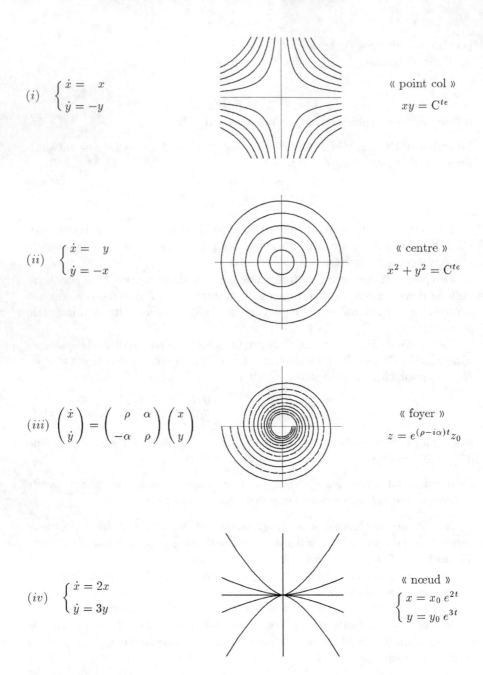

(i) $\begin{cases} \dot{x} = \ x \\ \dot{y} = -y \end{cases}$

« point col »

$xy = \mathrm{C}^{te}$

(ii) $\begin{cases} \dot{x} = \ y \\ \dot{y} = -x \end{cases}$

« centre »

$x^2 + y^2 = \mathrm{C}^{te}$

(iii) $\begin{pmatrix} \dot{x} \\ \dot{y} \end{pmatrix} = \begin{pmatrix} \rho & \alpha \\ -\alpha & \rho \end{pmatrix} \begin{pmatrix} x \\ y \end{pmatrix}$

« foyer »

$z = e^{(\rho - i\alpha)t} z_0$

(iv) $\begin{cases} \dot{x} = 2x \\ \dot{y} = 3y \end{cases}$

« nœud »

$\begin{cases} x = x_0 \, e^{2t} \\ y = y_0 \, e^{3t} \end{cases}$

Fig.1 – Exemples de points singuliers pour un système différentiel linéaire

1.4 Le théorème de Poincaré-Bendixson

L'énoncé est le suivant :

Théorème 8. *On considère un champ de vecteurs du plan X*

$$\dot{x} = f(x, y)$$

$$\dot{y} = g(x, y),$$

où les fonctions f, g sont partout de classe C^1. Soit $\gamma_m = \{\phi(t, m), t \in R\}$ une courbe intégrale de X, définie pour tout t, telle que l'orbite positive passant par le point m : $\gamma_m^+ = (\phi(t, m), \quad t \geq 0)$ est contenue dans un compact K. On suppose que le champ X a un nombre fini de singularités contenues dans $\omega(m)$. Il y a trois possibilités :

a) Si $\omega(m)$ ne contient pas de points singuliers, c'est une orbite périodique.

b) Si $\omega(m)$ contient à la fois des points singuliers et des points réguliers, $\omega(m)$ est constitué d'un ensemble d'orbites et chacune d'entres elles tend vers un des points singuliers lorsque $\mid t \mid \to \infty$. Dans ce cas, l'ensemble $\omega(m)$ est appelé un graphique.

c) Si $\omega(m)$ ne contient aucun point régulier, alors c'est un point singulier.

La démonstration est découpée en plusieurs lemmes.

Lemme 1. *Soit Σ une section transversale au flot du champ X, $\gamma = \{\phi(t, q), t \in R\}$ une orbite de X et p un point de $\Sigma \cap \omega(\gamma)$. Il existe une suite de points $\phi(\tau_n)(q)$, $n \to \infty$ de points de Σ, telle que*

$$p = \lim_{n \to \infty} \phi(\tau_n, q).$$

Preuve. Soit V et $\tau : V \to R$ le voisinage et l'application donnés par le corollaire 1. Comme $p \in \omega(\gamma)$, il existe une suite t_n telle que $t_n \to \infty$ et $\phi(t_n, q) \to p$ quand $n \to \infty$. On peut supposer que les points de la suite $\phi(t_n, q)$ sont dans l'ouvert V (à partir d'un certain rang). On pose

$$\tau_n = t_n + \tau(\phi(t_n, q)).$$

On a donc que

$$\phi(\tau_n, q) = \phi(\tau(\phi(t_n, q)), \phi(t_n, q)),$$

appartient à Σ. On a de plus

$$\lim_{n \to \infty} \phi(\tau_n, q) = \phi(\tau(\phi(t_n, q)), \phi(t_n, q)) = \phi(0, p) = p,$$

parce que τ est continue. $\qquad\square$

Dans le cas du plan, une section transverse Σ est difféomorphe à un intervalle. Il existe donc un ordre naturel sur les points de Σ.

Lemme 2. *Soit Σ une section transverse à X. Une orbite positive $\gamma^+(p) = \{\phi(t,p), t \geq 0\}$, de X intersecte Σ en une suite monotone $p_1, p_2, ..., p_n, ...$*

Preuve. Désignons par $D = \{t \geq 0, \phi(t,p) \in \Sigma\}$. Le théorème 5 montre que D est discret. On peut donc ordonner D :

$$D = \{0 < t_1 < t_2 < ... < t_n < ...\}.$$

On peut désigner par $p_1 = p$, $p_2 = \phi(t_1, p)$ et par induction $p_n = \phi(t_{n-1}, p)$. Si $p_1 = p_2$, l'orbite est périodique et $p_n = p$, pour tout n. Si $p_1 \neq p_2$, on peut supposer $p_1 < p_2$. S'il existe p_3, on va montrer que nécessairement $p_2 < p_3$.

On oriente la section Σ. Du fait que Σ est connexe, les orbites de X coupent la section Σ dans le "même sens", par exemple de la gauche vers la droite. On considère la courbe de Jordan formée de l'arc $p_1 p_2$ de Σ et de l'arc de l'orbite compris entre p_1 et p_2 : $\{\phi(t,p), 0 \leq t \leq t_1\}$. D'après le théorème de Jordan, cette courbe a un intérieur et un extérieur. L'orbite γ entre dans l'intérieur du domaine déterminé par la courbe par le segment $p_1 p_2$. Elle ne peut pas sortir de ce domaine. Il s'ensuit que $p_1 < p_2 < p_3$. On démontre ainsi le résultat de proche en proche. $\square$

Lemme 3. *Soit Σ une section transverse et p un point de U. L'ensemble $\omega(p)$ contient au plus un point dans Σ.*

Preuve. En effet, d'après le lemme 1, un point de $\Sigma \cap \omega(p)$ est nécessairement la limite d'une suite de points de l'orbite qui sont sur Σ. D'après le lemme 2, la suite des points d'intersection de Σ avec l'orbite positive est monotone. Elle est donc nécessairement convergente et toute sous-suite ne peut converger que vers un seul point qui est la limite de la suite. $\square$

Lemme 4. *Soit p un point de U tel que la demi-orbite positive $\gamma^+(p)$ est contenue dans un compact. Soit γ une orbite de X qui est contenue dans $\omega(p)$. Si $\omega(\gamma)$ contient des points réguliers, alors γ est une orbite fermée et $\omega(p) = \gamma$.*

Preuve. Soit $q \in \omega(\gamma)$ un point régulier. On considère V un voisinage de q donné par le théorème 5 et soit Σ une section transverse au flot qui contient q. D'après le lemme 1, il existe une suite $t_n \to \infty$ telle que $\gamma(t_n) \in \Sigma$. Comme $\gamma(t_n) \in \omega(p)$, la suite se réduit à un point d'après le lemme 3. Ceci montre que l'orbite γ est périodique. $\square$

On doit maintenant montrer que $\gamma = \omega(p)$. Comme on sait que $\omega(p)$ est connexe et que γ est fermée, il suffit de montrer que γ est ouvert dans $\omega(p)$.

Soit $\overline{p}$ un point quelconque de γ. Soit $V_{\overline{p}}$ le voisinage et $\Sigma_{\overline{p}}$ la section transverse prévus par le théorème 5. On a bien sûr $V_{\overline{p}} \cap \gamma \subset V_{\overline{p}} \cap \omega(p)$. On va démontrer l'inclusion inverse. Par l'absurde, on suppose qu'il existe un point $q' \in V_{\overline{p}} \cap \omega(p)$ qui n'appartient pas à γ. Par le théorème 5 et par l'invariance de $\omega(p)$, il existe $t \in R$ tel que $\phi(t, q') \in \omega(p) \cap \Sigma_{\overline{p}}$ et $\phi(t, q') \neq \overline{p}$. On obtient ainsi une contradiction parce qu'il ne peut exister deux points distincts de $\omega(p)$ dans $\Sigma_{\overline{p}}$, d'après le lemme 3. On a donc $V_{\overline{p}} \cap \gamma = V_{\overline{p}} \cap \omega(p)$. On considère alors l'ouvert $U = \cup_{\overline{p} \in \gamma} V_{\overline{p}}$ qui satisfait $U \cap \omega(p) = U \cap \gamma = \gamma$ et on obtient que γ est ouvert dans $\omega(p)$.

Démonstration du théorème de Poincaré-Bendixson

Dans le premier cas où tous les points de $\omega(p)$ sont réguliers, on considère un point régulier $q \in \omega(p)$. L'orbite γ_q est contenue dans $\omega(p)$. Comme $\omega(p)$ est compact, $\omega(\gamma_q)$ est non vide. Il suit du lemme 4 que $\omega(p) = \gamma_q$ est une orbite périodique.

Si maintenant on suppose que $\omega(p)$ contient à la fois des points réguliers et des points singuliers, on considère une orbite γ contenue dans $\omega(p)$ qui n'est pas réduite à un point singulier. Comme $\omega(\gamma)$ et $\alpha(\gamma)$ ne peuvent pas contenir de points réguliers d'après le lemme 4, qu'ils sont connexes et qu'il existe un nombre fini de points singuliers dans $\omega(p)$, ce sont eux-même des points singuliers.

Dans la troisième situation, le même raisonnement montre que $\omega(p)$ est réduit à un point singulier.

1.5 Indice et degré

Soit $\phi : S^1 \to S^1$ une application continue du cercle dans lui-même. On peut lui associer une application continue $\psi : R \to R$ telle que

$$\phi(\exp(is)) = \exp(i\psi(s)).$$

Dans ce contexte, on dit que ψ "relève" ϕ. Lorsque la variable s croît de s_0 à $s_0 + 2\pi$, le point $z = \exp(is)$ effectue sur S^1 un tour dans le sens positif. Si on suit par continuité, $\psi(s)$ varie de $\psi(s_0)$ à $\psi(s_0 + 2\pi)$ et il existe un entier n tel que

$$\psi(s_0 + 2\pi) = \psi(s_0) + 2\pi n.$$

Cet entier n ne dépend pas du point s_0 et de l'application ψ choisie pour relever ϕ. Cet entier qui ne dépend que de ϕ s'appelle le degré de l'application.

Proposition 1. *Soient $\phi_1 : S^1 \to S^1$ et $\phi_2 : S^1 \to S^1$ deux applications continues telles que pour tout $z \in S^1$, $\phi_1(z)$ et $\phi_2(z)$ ne sont pas opposés sur le cercle. Alors les degrés de ϕ_1 et de ϕ_2 sont les mêmes.*

Preuve. En effet, on peut prendre une détermination du logarithme complexe en dehors de l'axe réel négatif et construire une application continue θ telle que

$$\phi_1(z) = \phi_2(z)\exp(i\theta(z)).$$

On obtient alors de suite l'égalité des degrés.   □

Une propriété fondamentale du degré est son invariance par homotopie que on rappelle brièvement ici.

Définition 16. *Soient X et Y deux espaces topologiques séparés, $f_0 : X \to Y$ et $f_1 : X \to Y$ deux applications continues. On dit que f_0 et f_1 sont homotopes s'il existe une application continue $g : X \times [0,1] \to Y$ telle que, pour tout $x \in X$, on ait*

$$g(x,0) = f_0(x)$$

$$g(x,1) = f_1(x).$$

Toute application g satisfaisant ces conditions est appelée une homotopie de f_0 à f_1.

Théorème 9. *Si deux applications continues $\phi_0 : S^1 \to S^1$ et $\phi_1 : S^1 \to S^1$ sont homotopes, elles ont même degré.*

Preuve. On note $\phi_t(z) = g(z,t)$. L'application g est uniformément continue et pour tout $\epsilon > 0$, il existe $\eta > 0$ tel que $d(y,z) < \eta$ et $|t - s| < \eta$ implique $d(g(y,s), g(z,t)) < \epsilon$. En particulier, si $z \in S^1$, et $|t - s| < \eta$, les points $\phi_t(z)$ et $\phi_s(z)$ ne peuvent pas être opposés. D'après la proposition 1, le degré $t \mapsto \deg(\phi_t)$ est localement constant donc constant puisque $[0,1]$ est connexe. □

Définition 17. *Soit X un champ de vecteurs, défini sur un ouvert U du plan. Soit C une courbe de Jordan contenue dans U définie par $h : S^1 \to C$, telle que le champ de vecteurs ne s'annule pas en aucun point de C. Le degré de l'application continue du cercle dans lui-même définie par la composition*

$$s \to h(s) = x \mapsto \frac{X(x)}{\| X(x) \|},$$

s'appelle l'indice de la courbe C par rapport au champ de vecteurs X. On le note $I_X(C)$.

Cet indice peut se calculer avec une intégrale. Si on désigne par

$$X(x,y) = (P(x,y), Q(x,y)),$$

les composantes du champ de vecteurs, l'indice $I_X(C)$ est égal à

$$I_X(C) = \frac{1}{2\pi} \int_0^{2\pi} \frac{P(s)\frac{dQ(s)}{ds} - Q(s)\frac{dP(s)}{ds}}{P^2(s) + Q^2(s)} ds, \tag{1.5}$$

où on a posé

$$P(s) = P(x(s), y(s)), \qquad Q(s) = Q(x(s), y(s)).$$

On considère trois exemples fondamentaux.

Si $X(x,y) = (x,y)$ (noeud répulsif linéaire) et C est le cercle centré à l'origine de rayon 1, on trouve

$$I_X(C) = +1.$$

Si $X(x, y) = (-y + \alpha x, x + \alpha y)$, (foyer linéaire) on trouve

$$I_X(C) = +1.$$

Enfin dans le cas $X(x, y) = (x, -y)$, (col linéaire) on trouve

$$I_X(C) = -1.$$

Si on introduit la 1-forme différentielle fermée

$$\eta = \frac{xdy - ydx}{x^2 + y^2},$$

et l'application :

$$F : (x, y) \mapsto (P(x, y), Q(x, y)),$$

cette formule s'écrit au moyen de l'intégrale curviligne

$$I_X(C) = \int_C F * (\eta). \tag{1.6}$$

Avec la formule de Green-Riemann, on démontre facilement le

Lemme 5. *Si deux courbes de Jordan C et C' sont telles que C' est contenue dans l'intérieur de C et si le champ X n'a pas de zéros dans C et C' et dans l'intersection de l'intérieur de C et de l'extérieur de C', alors*

$$I_X(C) = I_X(C').$$

Soit p un point singulier isolé d'un champ de vecteurs X. L'indice $I_X(C)$ d'une courbe de Jordan C, dont l'intérieur ne contient pas d'autre point singulier de X que p, ne dépend que du point p. Il est appelé l'indice du point singulier et nôté $I_X(p)$.

On peut aussi, grâce à l'expression intégrale, montrer que si un champ de vecteurs X est localement conjugué au voisinage d'un point singulier p à un autre champ de vecteurs Y plus simple (par exemple linéaire) alors $I_X(p) = I_Y(p)$.

Théorème 10. *Soit X un champ de vecteurs différentiable sur un ouvert Ω de R^2, et soit a un point singulier isolé de ce champ de vecteurs. On suppose que l'application linéaire tangente $A = DX(a)$ est inversible. Alors l'origine est un point singulier isolé du champ linéaire A et de plus*

$$I_X(a) = I_A(0).$$

Preuve. On peut supposer que $a = 0$. On peut supposer de plus que sur une boule contenant l'origine, on a

$$\mid X(x) - A(x) \mid < \mid A(x) \mid / 2,$$

et donc on a que $X(x)$ et $A(x)$ ne sont jamais opposés sur un cercle centré à l'origine contenu dans cette boule. La proposition 1 démontre le résultat. $\square$

Avec la formule de Green-Riemann, on démontre aussi facilement le

Théorème 11. *Soit C une courbe de Jordan qui contient en son intérieur un nombre fini de points singuliers d'un champ de vecteurs X. L'indice de la courbe de Jordan par rapport au champ de vecteurs est égal à*

$$I_X(C) = \Sigma_{i=1}^{s} I_X(p_i).$$

On peut aussi montrer avec la formule intégrale le résultat suivant

Théorème 12. *Soit X un champ de vecteurs différentiable du plan et C une orbite périodique de X. L'indice $I_X(C)$ est égal à 1.*

Les deux résultats mis ensemble conduisent à :

Théorème 13. *Soit X un champ de vecteurs différentiable et C une orbite périodique. On suppose que le domaine borné bordé par C contient un nombre fini de points singuliers isolés : $(p_i, i = 1, ..., s)$, alors*

$$\Sigma_{i=1}^{s} I_X(p_i) = 1.$$

En particulier, dans l'intérieur du domaine délimité par une orbite périodique, il existe au moins un point singulier.

1.6 La stabilité structurelle

La notion de stabilité structurelle est née avec les travaux de [Andronov-Pontryagin, 1937] et a été précisée avec les travaux de [Peixoto, 1962] puis ceux de [Kupka, 1963] et [Smale, 1967].

Soit M une variété compacte et X un champ de vecteurs de classe C^1 sur M. La norme de X est définie par

$$\| X \|_1 = \mathrm{Sup}_{x \in M} \mid X(x) \mid + \mathrm{Sup}_{x \in M} \mid DX(x) \mid .$$

Définition 18. *Un champ de vecteurs $X \in C^1(M)$ est dit structurellement stable s'il existe ϵ tel que tout $Y \in C^1(M)$ tel que*

$$\| X - Y \|_1 < \epsilon,$$

est topologiquement équivalent à X

La stabilité structurelle signifie donc que les caractéristiques topologiques ne changent pas si on déforme un peu le champ de vecteurs. Cette notion ne doit pas être confondue avec la notion de stabilité qui est développée dans le chapitre suivant.

1.7 La notion de forme normale

Les formes normales sont des systèmes de coordonnés locales définis au voisinage d'un point qui est singulier pour un certain champ de vecteurs. Elles relèvent donc de la géométrie analytique locale. On va, dans ce paragraphe utiliser les notations traditionnelles qui sont adaptées à ces études locales.

Définition 19. *On désigne par E l'anneau local des germes de fonctions C^∞ en $0 \in R^n$ et M son idéal maximal formé des germes qui s'annulent à l'origine. Un changement de coordonnées locales en $0 \in R^n$ est un germe de difféomorphisme indéfiniment différentiable qui fixe l'origine. Il est dit tangent à l'identité si son Jacobien à l'origine est l'identité.*

Un champ de vecteurs qui s'annule en $0 \in R^n$ et qui est C^∞ au voisinage de ce point détermine une dérivation de l'anneau local E qui conserve l'idéal maximal M. Il induit donc pour tout entier k une application linéaire X_k : $E/M^k \mapsto E/M^k$. Il est commode de complexifier cette donnée et de procéder sur le corps de base C au lieu de R en revenant à la fin de l'analyse dans le réel (voir [Francoise, 1995] pour plus de détails). On écrit alors pour tout k, la décomposition de Jordan de X_k : $X_k = S_k + N_k$ avec $[S_k, N_k] = 0$. On vérifie que ces décompositions sont compatibles entre les différentes valeurs de k (c'est à dire que la troncation de la décomposition à l'ordre $k+1$ est la décomposition à l'ordre k) et on obtient ainsi une décomposition au niveau des champs de vecteurs formels en la partie semi-simple et la partie nilpotente du jet infini du champ de vecteurs X. La définition formelle d'une forme normale est :

Définition 20. *Une forme normale est un système de coordonnées formelles dans lequel la partie semi-simple du champ de vecteurs est linéaire.*

Dans ce livre, on va aller au plus vite vers des exemples et laisser tomber la partie théorique. Obtenir une forme normale consiste donc à faire un changement de coordonnées donné par des développements de Taylor tronqués à un certain ordre. On essaye d'éliminer le plus de termes possibles dans l'écriture du champ de vecteurs dans le nouveau système de coordonnées sans toucher à sa partie linéaire qu'on peut pour simplifier supposer diagonale. Le système obtenu par l'approche théorique évoquée brièvement ci-dessus est tel qu'à tout ordre le développement de Taylor du champ de vecteurs commute à sa partie linéaire. On fait alors le calcul immédiat suivant :

$$[\sum_{i=1}^{n} \lambda_i x_i \frac{\partial}{\partial x_i}, A_\alpha x^\alpha \frac{\partial}{\partial x_j}] =$$

$$A_\alpha(<\lambda, \alpha > -\lambda_i) x^\alpha \frac{\partial}{\partial x_i}.$$

D'où l'importance des résonances défines comme il suit :

Définition 21. *Etant donné un champ de vecteurs C^∞ qui a un point singulier et dont les valeurs propres de sa partie linéaire en ce point sont les $\lambda_i, i = 1, ..., n$, on appelle résonances de ce champ (au point singulier) les multi-entiers $\alpha = (\alpha_1, ..., \alpha_n)$ tels que :*

$$< \lambda, \alpha > -\lambda_i = 0.$$

Le seul exemple de forme normale que nous utiliserons dans ce livre est pour les champs de vecteurs dont la partie linéaire est une multi-rotation :

$$\sum_i^n l_i(x_i \frac{\partial}{\partial y_i} - y_i \frac{\partial}{\partial x_i}).$$

Les valeurs propres du complexifié sont $\lambda_i = il_i$ et $\lambda_{i+n} = -il_i$. Il y a donc les résonances $\lambda_i = -\lambda_{i+n}$. On fait l'hypothèse de l'absence d'autre résonance (par exemple en supposant que les l_i sont indépendants sur Z). Alors, dans ce cas la forme normale obtenue est appelée la forme normale de Birkhoff et elle s'écrit :

$$\sum_{i=1}^n f_i(p_1, ..., p_n)(x_i \frac{\partial}{\partial y_i} - y_i \frac{\partial}{\partial x_i}) +$$

$$\sum_{i=1}^n g_i(p_1, ..., p_n)(x_i \frac{\partial}{\partial x_i} + y_i \frac{\partial}{\partial y_i}),$$

avec

$$p_i = x_i^2 + y_i^2, i = 1, ..., n.$$

Dans le cas d'une famille de champ de vecteurs dépendant de paramètres, les coefficients de la forme normale de Birkhoff dépendent des paramètres. Par exemple, si les paramètres n'interviennent pas dans la partie linéaire, les coefficients de Birkhoff dépendent polynômialement des paramètres [Francoise, 1997].

Problèmes

1.1. L'équation logistique
On considère l'équation

$$\frac{dp}{dt} = kp - bp^2.$$

Montrer que cette équation s'intègre et donner une expression explicite de la solution générale.

Cette équation s'appelle l'équation logistique. Elle fut introduite par P.-F. Verhulst en 1838 [Verhulst, 1838] pour décrire l'évolution d'une population. Par opposition à la croissance exponentielle qualifiée souvent de Malthusienne, la croissance logistique d'une population se caractérise par l'existence d'une saturation asymptotique.

1.2. L'application logistique

On considère l'application $F : R \to R$,

$$F(x) = rx(1 - x),$$

$r > 0$, et le système dynamique discret qu'il engendre, formé des itérés successifs $F^2(x) = F(F(x)), F^3(x) = F(F^2(x)), \dots$.

Vérifier que F possède deux points fixes : 0 et $x_0 = 1 - \frac{1}{r}$.

Un point périodique x de période n est dit stable (resp. instable) si $| (F^n)'(x) | < 1$ (resp. $| (F^n)'(x) | > 1$).

Montrer que l'origine est stable si $r < 1$ et que le deuxième point fixe est stable si $1 < r < 3$.

Montrer que si on augmente r au delà de la valeur $r = 3$, un point périodique de période 2 apparaît [May, 1976]. Déterminer sa stabilité.

Si on continue à augmenter r, montrer que pour $r = 3.83\dots$, un point périodique de période 3 apparaît.

A cette valeur particulière un nouveau phénomène se produit. Si on itère le système à partir de deux valeurs initiales très proches, les itérés deviennent rapidement très éloignés (forte dépendance par rapport aux conditions initiales). En 1976, May [May, 1976] a montré qu'il est visuellement impossible de distinguer la solution déterministe du système d'une suite de nombres tirés au hasard. Le phénomène a été étudié dans un article au titre fameux "Period three implies Chaos" par Li et York [Li-York, 1975].

1.3. Exemples d'oscillateurs

Montrer que le système

$$\frac{dx}{dt} = \omega y$$

$$\frac{dy}{dt} = -\omega x,$$

a toutes ses orbites périodiques de même période $T = 2\pi/\omega$. Il est appelé l'oscillateur harmonique. Il ne possède bien sûr aucun cycle limite.

Montrer que le système

$$\dot{x} = y$$

$$\dot{y} = -\sin(x),$$

a des solutions périodiques (de période variable) et des solutions non bornées.

Ce système représente le pendule simple. L'isochronisme approché des petites oscillations a été observé par Gallilée.

Vérifier que le système

$$\frac{dx}{dt} = y^3$$

$$\frac{dy}{dt} = -x,$$

a aussi toutes ses orbites périodiques.

Ce système est appelé l'oscillateur de Duffing. Les orbites sont données par les courbes de niveau de la fonction $H(x, y) = (1/2)x^2 + (1/4)y^4$ et la période dépend de l'orbite (système non isochrone).

1.4. Les systèmes "$\lambda - \omega$"

Montrer que le système

$$\frac{dx}{dt} = \lambda(r)x - \omega(r)y$$

$$\frac{dy}{dt} = \omega(r)x + \lambda(r)y, \qquad (r^2 = x^2 + y^2)$$

possède un cycle limite qui est un cercle centré à l'origine, de rayon $r = r_0$ pour toutes les valeurs de r_0 qui sont des zéros de la fonction $\lambda(r)$.

Ces systèmes sont appelés "systèmes $\lambda - \omega$" en modélisation. Ils présentent l'avantage que l'on connaît explicitement une équation pour le cycle limite. On peut en fait intégrer explicitement cette équation qui est une forme normale de Birkhoff.

1.5. L'équation de Lotka-Volterra

On considère les équations

$$\frac{dx}{dt} = ax - \alpha xy,$$

$$\frac{dy}{dt} = -cy + \gamma xy.$$

Montrer que ses équations sont séparables et qu'elles admettent l'intégrale première

$$H(x, y) = a\ln y - \alpha y + c\ln x - \gamma x.$$

Vérifier l'existence d'un domaine où toutes les orbites sont périodiques.

L'équation de Lotka-Volterra décrit la compétition entre deux espèces proie-prédateur. En l'absence de prédateurs, une population de proies croît exponentiellement

$$\frac{dx}{dt} = ax.$$

En l'absence de proie, une population de prédateurs décroît exponentiellement

$$\frac{dy}{dt} = -cx.$$

Si on met ensemble les deux populations, on suppose en première approximation que le nombre de proies décroît (et le nombre de prédateurs croît) de façon proportionnelle au produit x.y des deux populations. On obtient alors le système précédent. Le résultat est donc que les solutions décrivent des oscillations du nombre d'individus de chaque espèce.

1.6. Un théorème de Kolmogoroff sur les dynamiques de populations

On considère un système de la forme

$$\dot{x} = xf(x, y),$$

$$\dot{y} = yg(x, y),$$

tel que

1. $\frac{\partial f}{\partial x} < 0$ pour x grand, $\frac{\partial g}{\partial x} > 0$,
2. $\frac{\partial f}{\partial y} < 0$, $\frac{\partial g}{\partial y} < 0$

Démontrer que ce système possède un cycle limite en utilisant le théorème de Poincaré-Bendixson.

Une des raisons invoquées par Kolmogoroff pour modifier le système de Lotka-Volterra (cf. Ex. 1.5.) est que ce dernier n'est pas structurellement stable (cf. 1.6). On peut montrer que sous certaines conditions, le système de Kolmogoroff est structurellement stable. Si on remplace dans les équations de Lotka-Volterra la croissance Malthusienne de la proie en l'absence du prédateur par une croissance logistique plus réaliste et si on introduit un effet de saturation à l'efficacité du prédateur, on aboutit au système de May :

$$\dot{x} = ax(1 - x) - b.\frac{xy}{A + y},$$

$$\dot{y} = -cy + d.\frac{xy}{A + y}.$$

Ce système satisfait les conditions de Kolmogoroff et il a un cycle limite.

1.7. L'approche d'Andronov au circuit de l'oscillateur électronique à valve

Il s'agit du circuit électrique suivant formé d'une valve électronique, d'un condensateur, d'une résistance et de deux inductances qui s'influencent à distance par induction électromagnétique. La valve laisse passer un courant $I_a = f(U_s)$ si on a une différence de potentiel U_s entre l'anode et la plaque s. La fonction f appelée la caractéristique de la valve satisfait :

$$\lim_{U_s \to -\infty} f(U_s) = 0, \quad \lim_{U_s \to \infty} f(U_s) = I_N, \quad f''(U_s) = 0.$$

On obtient les équations :

$$J + I_{ka} = I_a$$

$$L\dot{I}_{kb} + RI_{ba} + \frac{1}{C}\int I_{ak}dt = 0.$$

Par induction mutuelle entre l'inductance kb et l'inductance ks, on a $U_s = M\dot{I}_{kb}$. Si on désigne par J le courant qui traverse la résistance R, on obtient finalement

$$L\ddot{J} + R\dot{J} + \frac{J}{C} = \frac{1}{C}f(M\dot{J}).$$

Si on pose $x = J$ et $y = \dot{J}$, on peut écrire cette équation sous la forme

$$\dot{x} = y$$

$$\dot{y} = -\omega^2 x - \delta y - P(y),$$

avec $\delta = R/L$, $\omega^2 = 1/LC$, $P(y) = \frac{1}{C}f(My)$.

On approche la caractéristique par une fonction discontinue : $P(y) = 0$, si $y < 0$, $P(y) = A > 0$, si $y > 0$.

1- Décrire les trajectoires de ce système discontinu (aussi qualifié de système hybride).

2- Montrer qu'il y a un cycle limite attractif en calculant explicitement une application de premier retour.

On avait observé expérimentalement la présence d'oscillations stables auto-entretenues et plusieurs tentatives d'explications théoriques de leur existence basées sur des systèmes différentiels linéaires avaient échouées. Jusqu'à ce que Andronov propose l'explication qui fait l'objet de l'exercice ci-dessus fondée sur l'analyse qualitative non linéaire et les cycles limites. Cet exemple est complètement traité dans le livre [Pontryagin, 1962].

1.8. Nombre de cols, noeuds et foyers

On considère un système différentiel du plan :

$$\dot{x} = f(x, y)$$

$$\dot{y} = g(x, y).$$

On suppose qu'il existe une boule de rayon R centrée en 0 telle que

$$(x, y) \mapsto F(x, y) = (f(x, y), g(x, y))$$

soit une application différentiable dont la restriction $F|_{\delta B(0,R)}$ au bord de la boule est un difféomorphisme

$$F|_{\delta B(0,R)} \colon \delta B(0, R) \to F(\delta B(0, R)).$$

On suppose que le système différentiel n'a que des points singuliers génériques dans l'intérieur de la boule $B(0, R)$.

Démontrer que le nombre de noeuds N, le nombre de foyers F et le nombre de cols C à l'intérieur de la boule $B(0, R)$ satisfont la relation

$$N + F - C = 1.$$

Cette relation est un cas particulier d'un théorème beaucoup plus général qu'on appelle le théorème de l'indice de Hopf. En toute généralité, il se démontre pour une surface compacte et fait intervenir un invariant topologique de la surface appelé la caractéristique d'Euler.

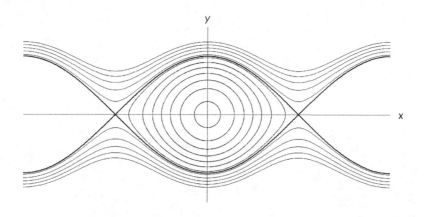

Fig.2 – Portrait de phase du pendule simple

2

La théorie de la stabilité

2.1 La stabilité des systèmes linéaires

On considère dans ce paragraphe un système différentiel linéaire

$$\dot{x} = A.x,$$

x est un vecteur de R^n et A est une matrice carrée $n \times n$.

Soit $w_j = u_j + iv_j$ un vecteur propre correspondant à une valeur propre $\lambda_j = a_j + ib_j$ de A, $(j = 1, ..., n)$. On suppose que les k premières valeurs propres de A sont réelles et que $2(m - k)$ valeurs propres sont complexes conjuguées. On suppose de plus que les vecteurs

$$u_1, ..., u_k; u_{k+1}, v_{k+1}; ...u_m, v_m$$

forment une base de R^n, $n = 2m - k$.

On désigne par E^s, E^i, E^n les sous-espaces stables, instables et neutres définis respectivement par :

$E^s =$ espace engendré par les vecteurs u_j, v_j tels que $a_j < 0$

$E^i =$ espace engendré par les vecteurs u_j, v_j tels que $a_j > 0$

$E^n =$ espace engendré par les vecteurs u_j, v_j tels que $a_j = 0$.

On a alors le théorème :

Théorème 14. *L'espace R^n se décompose en somme directe*

$$R^n = E^s \bigoplus E^i \bigoplus E^n,$$

de sous-espaces invariants par le flot $t \mapsto \exp(tA)$ du système linéaire.

Ce théorème se complète avec le résultat suivant qui caractérise les espaces stables et instables.

Théorème 15. *Les propriétés suivantes sont équivalentes :*

(a) Les valeurs propres de A sont de partie réelle strictement négative,

(b) Il existe des constantes M, c positives telles que pour tout $x_0 \in R^n$ et pour tout $t \in R$

$$\mid \exp(tA).x_0 \mid \leq M \mid x_0 \mid \exp(-ct).$$

(c) Pour tout $x_0 \in R^n$, $\lim_{t \to +\infty} \exp tA.x_0 = 0$.

Preuve. Le fait que (a) implique (b) qui implique (c) est évident. Pour voir que (c) implique (a), il suffit de procéder par l'absurde et de montrer que si une des valeurs propres $\lambda = a + ib$ a une partie réelle $a \geq 0$, il existe un vecteur x_0 tel que $\lim_{t \to +\infty} \exp(tA).x_0 \neq 0$. En effet tout vecteur réel x_0 non nul appartenant au sous-espace engendré par les parties réelle et imaginaire du vecteur propre associé à λ satisfait cette propriété. $\square$

2.2 La stabilité d'une solution, le cas d'un point singulier et le théorème de Poincaré-Lyapunov

Définition 22. *Une solution $x(t) = (x_1(t), ..., x_n(t))$ d'un système différentiel*

$$\frac{dx}{dt} = f(x, t)$$

est dite stable si pour tout $\epsilon > 0$, il existe $\delta > 0$ tel que toute autre solution $y(t) = (y_1(t), ..., y_n(t))$ qui pour $t = t_0$ vérifie $\parallel (x - y)(t) \parallel \leq \delta$ satisfait à $\parallel (x - y)(t) \parallel \leq \epsilon$ pour $t \geq t_0$. Si, de plus, $\parallel y - x \parallel \to 0$ quand $t \to +\infty$ on dit que la solution est asymptotiquement stable. Les définitions de solution instable et de solution asymptotiquement instable s'obtiennent de même en changeant $t \to +\infty$ en $t \to -\infty$.

Dans la suite, on va souvent considérer le cas particulier d'un point singulier qui est une orbite réduite à un seul point. Dans ce cas, on parle de point singulier stable (resp. instable, asymptotiquement stable ou instable).

Théorème 16. *Le théorème de Poincaré-Lyapunov*

On considère le système différentiel

$$\frac{dx}{dt} = A.x + f(x, t),$$

où A est une matrice $n \times n$, $f(x, t)$ est continue dans le domaine $\parallel x \parallel \leq \rho$, $t \geq 0$ et satisfait la condition $\frac{\parallel f(x,t) \parallel}{\parallel x \parallel} \to 0$ quand $x \to 0$, uniformément par rapport à $t \geq 0$. Si les valeurs propres de A ont toutes leur partie réelle strictement négative, alors la solution $x = 0$ est asymptotiquement stable.

Preuve. Soit
$$m = \text{Sup}_{||x|| \leq \rho, t \geq 0} \parallel f(x,t) \parallel,$$

c un vecteur tel que $\parallel c \parallel < \rho$ et d un nombre positif tel que $\parallel c \parallel + d \leq \rho$; on peut écrire

$$\text{Sup}_{||x|| \leq \rho, t \geq 0} \parallel A.x + f(x,t) \parallel \leq \parallel A \parallel \rho + m = m'.$$

Par le théorème fondamental d'existence des solutions des équations différentielles, si $0 < t_0 < \frac{d}{m'}$, il existe une solution unique $x(t)$ du système différentiel, définie pour $t \in [0, t_0]$ et telle que $x(0) = c$, le point $x(t)$ demeurant dans la boule $\parallel x \parallel \leq \rho$. La solution matricielle $Y(t)$ du système

$$\frac{dY}{dt} = A.Y, \qquad Y(0) = I,$$

tend vers 0 quand $t \to +\infty$ et

$$\int_0^{+\infty} \parallel Y(t) \parallel dt < +\infty.$$

La solution $y(t)$ de $\frac{dy}{dt} = A.y$ telle que $y(0) = c$ est égale à $y = Y.c$, d'où il suit

$$\parallel y \parallel \leq \parallel Y \parallel . \parallel c \parallel \leq a \parallel c \parallel,$$

pour un certain a qui ne dépend que de la matrice A et qu'on peut supposer plus grand que 1. La solution $x(t)$ de l'équation différentielle satisfait

$$x(t) = y(t) + \int_0^t Y(t - \tau) f(x(\tau), \tau) d\tau.$$

On va montrer que si c est suffisamment petit, alors, pour tout $t \in [0, t_0]$ on a :
$$\parallel x(t) \parallel < 2a \parallel c \parallel .$$

En effet, soit
$$\epsilon < \frac{1}{2} \left(\int_0^{+\infty} \parallel Y(\tau) \parallel \right)^{-1},$$

et η tel que $\parallel x \parallel \leq \eta$ implique $\parallel f(x,\tau) \parallel \leq \epsilon \parallel x \parallel$. On a :

$$\parallel x(t) \parallel \leq \parallel y(t) \parallel + \int_0^\tau \parallel Y(t - \tau) \parallel \epsilon \parallel x(\tau) \parallel \leq$$

$$a \parallel c \parallel + \frac{1}{2} \text{Max}_{t \in [0, t_0]} \parallel x(t) \parallel,$$

et donc
$$\frac{1}{2} \parallel x(t) \parallel \leq a \parallel c \parallel .$$

Si le vecteur c est choisi en sorte que

$$\| c \| + d < \rho, \qquad \| c \| < \frac{\eta}{2a}, \qquad 2a \| c \| + d < \rho,$$

il suit alors que $\| x(t_0) \| + d < \rho$. La solution $x(t)$ se prolonge sur l'intervalle $t \in [t_0, 2t_0]$ et satisfait aux mêmes majorations. De proche en proche, on démontre que $x(t)$ existe pour toute valeur de $t > 0$ et satisfait $\| x(t) \| + d < \rho$. Ceci démontre la stabilité. Pour démontrer la stabilité asymptotique, on change x en u en sorte que $x = ue^{\lambda t}$ où λ est un nombre réel négatif supérieur à la partie réelle de toute valeur propre de A. L'équation à laquelle obéit u est :

$$\frac{du}{dt} = (A - \lambda I)u + e^{-\lambda t} f(ue^{\lambda t}, t).$$

On remarque maintenant que si $\| u \| \leq \eta$ alors $\| e^{\lambda t} u \| \leq \eta$ et donc $\| e^{-\lambda t} f(ue^{\lambda t}, t) \| \leq e^{-\lambda t} \epsilon \| ue^{\lambda t} \| = \epsilon \| u \|$. On peut donc appliquer à l'équation en u ce qu'on a démontré pour l'équation en x puisqu'il est clair que toutes les valeurs propres de $A - \lambda I$ ont toutes leur partie réelle négative. Il s'ensuit que si $u(0) = x(0)$ est de norme assez petite, u sera bornée et donc $x(t) \to 0$ si $t \to +\infty$.   □

Réciproquement, si on considère le système différentiel

$$\frac{dx}{dt} = A.x + f(x, t),$$

où A est une matrice $n \times n$. Si la matrice A possède au moins une valeur propre à partie réelle positive, alors $x = 0$ n'est pas une solution stable du système. On ne démontre pas ce résultat ici car il peut se déduire du théorème des variétés stables et instables que l'on démontre dans la suite.

Définition 23. *Un système linéaire à coefficients dépendants du temps*

$$\frac{dy}{dt} = A(t)y,$$

est dit réductible (ou la matrice $A(t)$ est dite réductible) au sens de Lyapunov s'il existe un changement de variable

$$y = Q(t)x,$$

où $Q(t)$ est une matrice dérivable et non singulière telle que

$$\sup_t \| Q(t) \| < +\infty, \qquad \sup_t \| Q^{-1}(t) \| < +\infty.$$

qui le ramène à

$$\frac{dx}{dt} = Bx,$$

où B est une matrice constante.

Le théorème de Poincaré-Lyapunov se généralise de suite au cas des systèmes

$$\frac{dx}{dt} = A(t).x + f(x,t),$$

où $A(t)$ est une matrice réductible.

2.3 La méthode directe de Lyapunov

La vérification des hypothèses du théorème de Poincaré-Lyapunov nécessite le calcul des valeurs propres du linéarisé du système différentiel. Ce n'est pas toujours facile à faire explicitement. C'est parce qu'elle évite le calcul a priori des valeurs propres que la méthode présentée ci-dessous s'appelle "méthode directe" de Lyapunov. Cette méthode s'appelle dans la littérature Russe la deuxième méthode de Lyapunov. La première méthode de Lyapunov établit l'existence de développements convergents d'un certain type pour les solutions au voisinage du point singulier. On ne la présente pas ici mais le lecteur intéréssé pourra la trouver dans ([Lefschetz, 1957], p. 96). C'est aussi cette première méthode qui est reprise dans le livre ([Siegel-Moser, 1970], p. 203) où la stabilité s'entend à la fois pour $t \to \infty$ et pour $t \to -\infty$.

On considère un champ de vecteurs

$$\frac{dx_i}{dt} = f_i(x_1, ..., x_n), \qquad i = 1, ..., n,$$

défini et différentiable sur un ouvert U de R^n, tel que $x_0 \in U, f(x_0) = 0$.

Théorème 17. *On suppose qu'il existe une fonction V de classe C^1 définie sur un voisinage du point x_0, telle que $V(x_0) = 0$ et telle que $V(x) > 0$ si $x \neq x_0$. Alors si*

$$\frac{dV}{dt} = \Sigma_i f_i(x) \frac{\partial V}{\partial x_i} \leq 0,$$

le point singulier x_0 est stable. Si de plus $\frac{dV}{dt}(x) < 0$ pour tout $x \neq x_0$, le point singulier x_0 est asymptotiquement stable.

Preuve. Soit $\epsilon > 0$ et $\overline{B(x_0, c)}$ la boule fermée centrée en x_0 de rayon ϵ. Soit

$$S_\epsilon = (x \in R^n / \mid x - x_0 \mid = \epsilon)$$

et

$$m_\epsilon = \text{Min}(V(x), x \in S_\epsilon).$$

Comme S_ϵ est compact, la fonction V qui est continue atteint ses bornes sur S_ϵ et $m_\epsilon > 0$. Puisque V est continue et que $V(x_0) = 0$, il existe δ tel que $\mid x - x_0 \mid < \delta$ implique $V(x) < m_\epsilon$. Soit x un point de la boule $\overline{B(x_0, \delta)}$. Supposons qu'il existe une valeur $t_1 > 0$ telle que $\mid \phi_{t_1}(x) - x_0 \mid = \epsilon$. On aurait dans ce cas $V(\phi_{t_1}(x)) \geq m_\epsilon$ et une contradiction avec le fait que

$$V(\phi_{t_1}(x)) \le V(x) < m_\epsilon.$$

Passons à la deuxième partie du théorème. Soit t_k une suite de valeurs qui tend vers $+\infty$. Comme l'ensemble des points $\phi_{t_k}(x)$ reste dans le compact $\overline{B(x_0, \epsilon)}$, cette suite possède une valeur d'adhérence y_0. Supposons que cette valeur d'adhérence ne soit pas le point x_0 lui-même. On aurait dans ce cas $V(y_0) > 0$. Soit $t > 0$ fixé, il existe k suffisamment grand tel que

$$V(\phi_t(x)) > V(\phi_{t_k}(x)) > V(y_0).$$

On a de plus

$$V(\phi_s(y_0)) < V(y_0).$$

Par continuité de V, on aura donc pour tout k suffisamment grand

$$V(\phi_{s+t_k}(x)) < V(y_0).$$

et en posant $t = s + t_k$,

$$V(y_0) < V(\phi_t(x)) < V(y_0),$$

ce qui serait une contradiction. On a donc $y_0 = x_0$ et comme toute valeur d'adhérence de la suite est égale à x_0, on a la stabilité asymptotique. $\qquad\square$

Définition 24. *Si un champ de vecteurs possède une fonction V qui satisfait les hypothèses du théorème 17, on dit que la fonction V est une fonction de Lyapunov pour le champ de vecteurs.*

Il sera commode d'utiliser au chapitre 4 la proposition suivante

Proposition 2. *On considère (cf. théorème 16) un champ de vecteurs*

$$\frac{dx}{dt} = A.x + f(x),$$

où A est une matrice $n \times n$ et f est de classe C^2 telle que $f(x) = O(\mid x \mid^2)$. On suppose que toutes les valeurs propres de A sont de partie réelle négative. Alors le champ de vecteurs admet sur un voisinage de l'origine une fonction de Lyapunov qui est une forme quadratique.

Preuve. On commence par démontrer le résultat pour la partie linéaire du champ. D'après le théorème 15, la solution $x(t, x_0)$ du champ linéaire avec donnée initiale $x(0) = x_0$ satisfait une majoration du type

$$\| x(t) \| \le C \| x(0) \| e^{-\alpha t}.$$

On considère la forme quadratique

$$W(\xi) = \int_0^{+\infty} \| x(t, \xi) \|^2 \, dt.$$

Cette forme quadratique a un sens car l'intégrale indéfinie converge en raison de la majoration rappelée ci-dessus. Cette forme quadratique est définie positive et donc il existe des constantes (μ, ν) telles que

$$\mu \parallel \xi \parallel^2 \leq W(\xi) \leq \nu \parallel \xi \parallel^2,$$

quelque soit ξ. On a

$$W(x(\tau, \xi)) = \int_0^{+\infty} \parallel x(t+\tau, \xi) \parallel^2 dt$$

$$= \int_\tau^{+\infty} \parallel x(t, \xi) \parallel^2 dt,$$

et donc

$$\dot{W} = \frac{d}{dt} W(x(t, \xi)) \mid_{t=0}$$

$$= - \parallel x(t, \xi) \parallel^2 \mid_{t=0} = - \parallel \xi \parallel^2 \leq -\frac{1}{\mu} W.$$

On considère maintenant le système en entier et la dérivée de la fonction W par rapport au temps le long de ce champ de vecteurs qui satisfait

$$\dot{W} \leq -\frac{1}{\mu} W + \sum_i f_i(x) \frac{\partial W}{\partial x_i}.$$

Les composantes f_i du champ de vecteurs satisfont une majoration du type

$$\mid f_i(x) \mid \leq k \parallel x \parallel^2 \leq \frac{k}{\mu} W(x).$$

Comme W est une forme quadratique, elle satisfait une majoration

$$\mid \frac{\partial W}{\partial x_i} \mid \leq l \sqrt{W(x)},$$

et donc il existe une constante q telle que

$$\sum_i f_i(x) \frac{\partial W}{\partial x_i} \leq q W(x)^{3/2}.$$

Si on se restreint à un voisinage de l'origine tel que $W(x) < b$ et si on choisit c tel que

$$c \leq b, \quad q\sqrt{c} \leq \frac{1}{2\mu},$$

on a

$$\dot{W} \leq -\frac{1}{2\mu} W.$$

Ce résultat donne bien sûr une autre démonstration du théorème 16.   □

2.4 Les variétés invariantes d'un point singulier

Théorème 18. *On considère un champ de vecteurs*

$$\frac{dx}{dt} = f(x)$$

défini sur un ouvert E de R^n contenant l'origine. On suppose que la fonction f est continûment différentiable et que $f(0) = 0$. On suppose de plus que la Jacobienne de f à l'origine a k valeurs propres de partie réelle strictement négative et $n-k$ valeurs propres de partie réelle strictement positive. Il existe une variété différentiable S de dimension k tangente à l'espace propre stable de la partie linéaire de f à l'origine telle que pour tout $t \geq 0$, $\phi_t(S) \in S$ et pour tout x_0 de S, $\lim_{t \to \infty} \phi_t(x_0) = 0$. Il existe de même une variété différentiable U de dimension $n-k$ tangente au sous-espace propre instable invariante par le flot ϕ_t pour $t \neq 0$ et qui satisfait que pour tout x_0 de U, $\lim_{t \to -\infty} \phi_t(x_0) = 0$.

Preuve. Après un changement linéaire de coordonnées, on se ramène à la situation où :

$$\dot{x} = Ax + F(x), \quad f(x) = 0(|x|^2) \tag{2.1}$$

et $A = (P, Q)$ avec P une matrice $k \times k$ de valeurs propres $\lambda_1, ..., \lambda_k$ à partie réelle négative et Q une matrice $(n-k) \times (n-k)$ de valeurs propres $\lambda_{k+1}, ..., \lambda_n$ à partie réelle positive. On pose $U(t) = (\exp(tP), 0)$ et $V(t) = (0, \exp(tQ))$. Soit α tel que

$$\text{Re}(\lambda_j) < -\alpha, \qquad j = 1, ..., k.$$

Il est facile de produire des constantes K et σ telles que

$$\| U(t) \| < K\exp(-(\alpha + \sigma)t), t \geq 0,$$

$$\| V(t) \| < K\exp(\sigma t), t \leq 0.$$

On considère l'équation intégrale dépendant d'un paramètre $a \in R^n$:

$$u(t,a) = U(t)a + \int_0^t U(t-s)F(u(s,a))ds - \int_t^\infty V(t-s)F(u(s,a))ds.$$

On va montrer que cette équation intégrale admet une solution à l'aide du théorème du point fixe. Une solution continue de cette équation intégrale est nécessairement différentiable et solution du système différentiel (2.1). Il est clair que pour tout ϵ il existe un δ tel que si

$$|x| \leq \delta, |y| \leq \delta,$$

alors

$$|F(x) - F(y)| \leq \epsilon |x - y|.$$

On considère la suite de fonction $t \mapsto u_j(t,a)$ définie par :

$$u_0(t,a) = 0,$$

$$u_{j+1}(t,a) = U(t)a + \int_0^t U(t-s)F(u_j(s,a))ds - \int_t^\infty V(t-s)F(u_j(s,a))ds.$$

On va démontrer par récurrence que si $\frac{\epsilon K}{\sigma} < \frac{1}{4}$, on a

$$\mid u_j(t,a) - u_{j+1}(t,a) \mid \leq \frac{K \mid a \mid \exp(-\alpha t)}{2^{j-1}}.$$

On suppose que on a démontré ce résultat jusqu'à l'ordre m, et on obtient

$$\mid u_{m+1}(t,a) - u_m(t,a) \mid \leq \int_0^t \parallel U(t-s) \parallel \epsilon \mid u_m(s,a) - u_{m-1}(s,a) \mid ds$$

$$+ \int_t^\infty \parallel V(t-s)\epsilon \mid u_m(s,a) - u_{m-1}(s,a) \mid ds$$

$$\leq \epsilon \int_0^t K\exp(-(\alpha + \sigma)(t-s)) \frac{K \mid a \mid \exp(-\alpha s)}{2^{m-1}} ds$$

$$+ \epsilon \int_0^\infty K\exp(\sigma(t-s)) \frac{K \mid a \mid \exp(-\alpha s)}{2^{m-1}} ds$$

$$\leq \frac{\epsilon K^2 \mid a \mid \exp(-\alpha t)}{\sigma 2^{m-1}} + \frac{\epsilon K^2 \mid a \mid \exp(-\alpha t)}{\sigma 2^{m-1}}$$

$$\leq (\frac{1}{4} + \frac{1}{4}) \frac{K \mid a \mid \exp(-\alpha t)}{2^{m-1}} = \frac{K \mid a \mid \exp(-\alpha t)}{2^m}.$$

Cette estimation implique que la suite de fonctions converge uniformément ainsi que ses dérivées successives et que la fonction limite $u(t,a)$ vérifie

$$\mid u(t,a) \mid \leq 2K \mid a \mid \exp(-\alpha t).$$

On remarque alors que les $n-k$ dernières composantes de a n'interviennent pas dans le calcul. On peut donc choisir les $n-k$ dernières composantes de a nulles, et on a ainsi

$$u_j(0,a) = a_j, \quad j = 1, ..., k,$$

$$u_j(0,a) = -(\int_0^\infty V(-s)F(u(s, a_1, ..., a_k, 0))ds)_j, \quad j = k+1, ..., n.$$

Pour $j = k+1, ..., n$, on définit les fonctions

$$\psi_j(a_1, ..., a_k) = u_j(0, a_1, ..., a_k).$$

La variété stable S est définie par les équations

$$y_j = \psi_j(y_1, ..., y_k), \quad j = k+1, ..., n.$$

En effet si on prend un point $y \in S$, on peut poser $y = u(0, a)$ et on a $y(t) = \phi_t(y) = u(t, a)$. L'estimée ci-dessus conduit à $\lim_{t \to \infty}(y(t)) = 0$. L'existence de la variété instable s'établit de manière analogue en changeant t en $-t$. $\qquad\qquad\qquad\qquad\qquad\qquad\qquad\qquad\qquad\qquad\qquad\qquad$ □

Par exemple dans le cas du plan, si un champ de vecteurs a un point singulier (x_0, y_0) et si la Jacobienne (cf Déf. 12)

$$J(x(0), y(0)) = (\frac{\partial f}{\partial x}\frac{\partial g}{\partial y} - \frac{\partial f}{\partial y}\frac{\partial g}{\partial x})(x(0), y(0))$$

a des valeurs propres λ et μ qui sont réelles, non nulles et de signes distincts opposés, il existe deux courbes différentiables qui passent par le point (x_0, y_0) et qui sont les variétés stables et instables de ce point. Dans ce cas, on a vu au chapitre 1 que le point est appelé col et les deux variétés stables et instables sont appelées séparatrices du col.

Définition 25. *On considère un champ du plan qui a un point singulier (x_0, y_0) de type col. Si les variétés invariantes locales du col se prolongent et se recoupent, le point col est appelé point singulier homocline. Dans ce cas, la partie commune aux variétés stables et instables est appelée connexion homocline. Si la variété stable et la variété instable se recoupent en un autre point singulier (x_1, y_1) de type col, elles forment une connexion hétérocline entre les deux cols.*

Définition 26. *Un point singulier x_0 d'un champ de vecteurs X est dit hyperbolique si la matrice de la partie linéaire du champ de vecteurs en x_0 n'admet aucune valeur propre dont la partie réelle est nulle.*

Dans le cas du plan, un point hyperbolique peut être un col, un noeud ou un foyer.

Théorème 19. *Le théorème de Hartman-Grobman*
On considère un champ de vecteurs de classe C^1 défini sur un voisinage de 0 dans R^n :

$$\frac{dx}{dt} = f(x).$$

On suppose que l'origine 0 est un point singulier hyperbolique du champ de vecteurs. On désigne par $A = Df(0)$ la partie linéaire du champ de vecteurs en 0. Il existe un homéomorphisme $H : U \to U$ tel que $H(0) = 0$ et

$$H o \phi_t(x) = e^{tA} o H(x).$$

Autrement dit, le champ de vecteurs est topologiquement conjugué à sa partie linéaire. On ne donne pas la démonstration qu'on peut trouver dans [Hartman, 1964]. Si on suppose le champ de vecteurs de classe C^2, Hartman a démontré que dans ce cas, il existe une conjugaison de classe C^1 (c'est à dire une application H continûment différentiable et d'inverse continûment différentiable qui conjugue localement le champ à sa partie linéaire). Par contre, si on suppose l'existence de dérivées d'ordre supérieur, ceci n'implique pas une régularité supérieure de la conjugaison. S. Sternberg a donné un exemple analytique qui n'est pas conjugué C^2 à sa partie linéaire [Sternberg, 1957]. Il faut en effet imposer sur les valeurs propres des conditions supplémentaires qui font intervenir les résonances définies en (déf. 21).

La démonstration la plus élégante du théorème de Hartman-Grobman passe par le théorème de la variété stable auquel on ajoute le λ-lemme de Palis dont voici l'énoncé pour un flot :

Théorème 20. *"le λ-lemme"*
Soit B_s (resp. B_u) une boule centrée en 0 contenue dans la variété stable (resp. instable). Soit q un point de la variété stable et D_u un disque de dimension égale à la dimension de la variété instable et transverse à la variété stable. On désigne par $V = B_s \times B_u$ et D_u^t la composante connexe de $\phi_t(D_u) \cap V$ qui contient $\phi_t(q)$. Pour tout ϵ, il existe t_0 tel que si $t \leq t_0$, D_u^t est C^1-proche de B_u.

On pourra voir la démonstration du λ-lemme et du théorème de Grobman-Hartman dans [Palis-de Melo, 1981].

Théorème 21. *Existence de la variété centrale*

On considère un champ de vecteurs de classe C^k défini au voisinage de l'origine $0 \in R^n$:

$$\dot{x} = C.x + F(x, y, z)$$

$$\dot{y} = P.y + G(x, y, z)$$

$$\dot{z} = Q.z + H(x, y, z),$$

$$x = (x_1, ..., x_s), y = (y_1, ..., y_k), z = (z_1, ..., z_l), s + k + l = n,$$

avec la matrice C de valeurs propres à partie réelle nulle, la matrice P de valeurs propres à partie réelle négative, et la matrice Q de valeurs propres à partie réelle positive. Il existe une variété (appelée variété centrale) de dimension s de classe C^k invariante par le flot qui est tangente au sous-espace $y = z = 0$.

On ne donne pas la démonstration du théorème de la variété centrale. On pourra se reporter par exemple au livre [Carr, 1981] sur le sujet.

L'exemple suivant montre qu'il n'y a pas unicité de la variété centrale.

Le champ

$$\dot{x} = x^2$$

$$\dot{y} = -y,$$

a des orbites adhérentes à l'origine qui sont données par

$$y = y_0 \exp(\frac{1}{x}).$$

Chacune de ces solutions est une variété centrale de l'origine tangente à l'axe $y = 0$.

Théorème 22. *Réduction du flot à la variété centrale*

Il existe un voisinage de la variété centrale et une conjugaison locale de classe C^k sur ce voisinage du flot du champ de vecteurs à sa restriction à la variété centrale.

Pour réduire explicitement le champ de vecteurs à une variété centrale, on fait (en principe) le calcul suivant. On cherche la variété centrale sous la forme de deux équations

$$y = h_1(x), \quad z = h_2(x).$$

Par dérivation, l'invariance de la variété donne

$$\dot{y} = Dh_1(x).\dot{x}, \quad \dot{z} = Dh_2(x).\dot{x},$$

ce qui conduit aux deux équations portant sur (h_1, h_2) :

$$Dh_1(x)[C.x + F(x, h_1(x), h_2(x))] - P.h_1(x) - G(x, h_1(x), h_2(x)) = 0,$$

$$Dh_2(x)[C.x + F(x, h_1(x), h_2(x))] - Q.h_2(x) - H(x, h_1(x), h_2(x)) = 0. \quad (2.2)$$

On essaye donc en principe de résoudre ces équations. Noter à nouveau qu'il n'y a pas unicité de la solution en général. Dans la pratique, on se contente de trouver le début d'un développement de Taylor solution de (2.2). Supposant calculées (h_1, h_2), le comportement qualitatif local du champ de vecteurs est alors donné par le théorème suivant

Théorème 23. *Dans les conditions ci-dessus, le flot du champ de vecteurs X est, au voisinage du point singulier, topologiquement conjugué à celui du champ :*

$$\dot{x} = C.x + F(x, h_1(x), h_2(x)),$$

$$\dot{y} = P.y,$$

$$\dot{z} = Q.z.$$

2.5 La stabilité asymptotique d'une solution générale, la stabilité orbitale

On considère un système différentiel non autonome. On peut traduire la stabilité asymptotique de la solution $x(t)$ de la façon suivante

Proposition 3. *La solution $x(t)$ est asymptotiquement stable si et seulement si 0 est un point singulier stable du système*

$$\dot{u} = D_x(f)(t, x(t))u + R(t, x(t), u).$$

Si on considère le cas particulier des systèmes autonomes (champs de vecteurs), la définition générale de la stabilité pour une solution s'applique à une solution périodique. En fait une solution périodique n'est jamais stable au sens rappelé ci-dessus. En effet si $\overline{x}(t)$ est une solution périodique, $d\overline{x}/dt$ est une solution de

$$\dot{u} = Df_x(\overline{x}(t))u,$$

et donc il existe une valeur propre du linéarisé du flot qui est égale à 1. C'est pourquoi la notion importante de stabilité qui est utilisée pour les orbites périodiques est la notion de stabilité orbitale.

Définition 27. *Soit $x(t)$ une solution avec donnée initiale $x(0)$ (en particulier $x(t)$ peut être une solution périodique) et soit C l'orbite correspondante*

$$C = (x(t), t \in R).$$

On dit que $x(t)$ est orbitalement stable si pour tout ϵ, il existe δ tel que la solution $x'(t)$ avec donnée initiale $x'(0)$, telle que $\mid x(0) - x'(0) \mid < \epsilon$, existe pour toute valeur de t et satisfait

$$d(x'(t), C) < \epsilon.$$

On dit que la solution est asymptotiquement orbitalement stable si de plus

$$\lim_{t \to +\infty} d(x'(t), C) = 0.$$

En particulier une orbite périodique asymptotiquement orbitalement stable est souvent appelée un cycle limite (par extension de la terminologie utilisée en dimension deux).

2.6 La théorie de Floquet d'une orbite périodique

Soit γ une orbite périodique du champ de vecteurs

$$\dot{x} = f(x).$$

La linéarisation du champ au voisinage de la solution périodique γ conduit au système

$$\dot{x} = A(t)x, \tag{2.3}$$

où $A(t) = Df(\gamma(t))$ est une matrice $n \times n$, $T-$ périodique. On désigne par $\Phi(t)$ la matrice fondamentale du système linéaire (2.3), solution du système matriciel

$$\frac{d\Phi(t)}{dt} = A(t)\Phi(t), \qquad \Phi(0) = I.$$

La solution $x(t)$ du système (2.3) telle que $x(0) = x_0$ est donnée par

$$x(t) = \Phi(t).x_0.$$

Le théorème suivant est dû à Floquet :

Théorème 24. *La solution fondamentale $\Phi(t)$ est de la forme*

$$\Phi(t) = Q(t)\exp(tB),$$

où la matrice Q est différentiable et T-périodique et où la matrice B est constante.

Preuve. On considère la matrice fondamentale $\Phi(t)$ et sa valeur en $t = T$. Comme toute matrice inversible est l'exponentielle d'une matrice (voir la démonstration par exemple dans [Pontryagin, 1962]), on pose :

$$\Phi(T) = \exp(TB).$$

La matrice $\Phi(t + T)$ est solution de

$$\Phi'(t + T) = A(t + T)\Phi(t + T) = A(t)\Phi(t + T),$$

et satisfait

$$\Phi(t + T)_{|t=0} = \exp(TB).$$

La matrice

$$\Phi(t).\exp(TB),$$

satisfait la même équation différentielle avec la même condition initiale. On a donc

$$\Phi(t + T) = \Phi(t).\exp(TB).$$

La matrice $Q(t) = \Phi(t)\exp(-tB)$ est différentiable et satisfait

$$Q(t + T) = \Phi(t + T).\exp[-(t + T)B] = \Phi(t).\exp(-tB) = Q(t),$$

et est donc périodique de période T. □

Corollaire 2. *Une matrice $P(t)$ continue et périodique est réductible au sens de Lyapunov.*

Preuve. En effet, on peut vérifier que l'équation

$$\frac{dy}{dt} = P(t)y,$$

se transforme en

$$\frac{dx}{dt} = Bx,$$

par la substitution

$$y = Q(t).x$$

Il est donc possible d'appliquer la variante du théorème de Poincaré-Lyapunov, donnée précédemment dans ce chapitre, qui s'applique aux équations non-autonomes. □

Définition 28. *Avec les notations utilisées ci-dessus, on appelle exposants caractéristiques de l'orbite périodique γ les valeurs propres λ_j de la matrice B. On désigne par multiplicateurs de Floquet de l'orbite périodique les quantités : $\exp(\lambda_j)$.*

Soit x_0 un point de l'orbite périodique γ et Σ une section transverse à l'orbite périodique en x_0. Pour alléger les notations, on suppose que l'origine des coordonnées est en x_0 et que Σ est l'hyperplan orthogonal à γ en x_0. Soit $\phi_t(x)$ le flot de l'équation différentielle au voisinage du point 0 et $D\phi_t(x)$ l'application linéaire tangente au flot. L'application linéaire tangente satisfait

$$\frac{\partial D\phi_t(x)}{\partial t} = Df(\phi_t(x))D\phi_t(x),$$

et

$$D\phi_0(0) = I.$$

Donc $D\phi_t(0)$ s'identifie avec la solution fondamentale $\Phi(t)$. On a donc

$$D\phi_t(0) = Q(t).\exp(tB),$$

et en particulier

$$D\phi_T(0) = \exp(TB).$$

Le résultat suivant précise les rapports avec l'application de Poincaré.

Théorème 25. *Un des exposants caractéristiques λ_j est nul. On peut choisir les coordonnées en sorte que l'application tangente à l'application de premier retour $DP(0)$ s'identifie avec la matrice $(n-1)\times(n-1)$ extraite de $D\phi_T(0)$ en supprimant la dernière ligne et la dernière colonne.*

Preuve. Le flot restreint à l'orbite périodique $\gamma(t) = \phi_t(0)$ satisfait

$$\gamma'(t) = f(\gamma(t)),$$

et donc

$$\gamma''(t) = Df(\gamma(t))\gamma'(t).$$

Il s'ensuit que

$$\gamma'(t) = \Phi(t)f(0),$$

et comme

$$\gamma'(T) = f(0),$$
$$D\phi_T(0)f(0) = f(0).$$

Donc $f(0)$ est un vecteur propre de $\exp(TB)$ de valeur propre 1. Il s'ensuit qu'une des valeurs propres de B est nulle. On peut choisir la numérotation des valeurs propres en sorte que $\lambda_n = 0$. On peut choisir les coordonnées en sorte que

$$f(0) = (0, ..., 1)^t,$$

et donc la dernière colonne de la matrice $\exp(TB)$ est égale à :

$$(0, ..., 1)^t.$$

Reprenant les notations du théorème 7, on note

$$h(x) = \phi_{\tau(x)}(x).$$

L'application de premier retour P n'est autre que cette fonction $h(x)$ restreinte à Σ. L'application linéaire tangente à $h(x)$ est

$$Dh(x) = \frac{\partial \phi_{\tau(x)}(x)}{\partial t} D\tau(x) + D\phi_{\tau(x)}(x).$$

Pour $x = O$, on obtient

$$D(h(O)) = f(O)D\tau(O) + D\phi_T(O),$$

ce qui démontre le résultat. □

Ce qui précède permet de préciser la stabilité orbitale des orbites périodiques.

Définition 29. *L'orbite périodique γ est dite hyperbolique si toutes les valeurs propres λ_j, $j = 1, ..., n-1$ satisfont :*

$$\mathrm{Re}(\lambda_j) \neq 0, j = 1, ..., n-1.$$

Définition 30. *L'orbite périodique γ est dite stable (resp. instable) si toutes les valeurs propres $\lambda_j, j = 1, ..., n-1$ satisfont :*

$$\mathrm{Re}(\lambda_j) < 0(\mathrm{resp.} > 0), \quad 0, j = 1, ..., n-1.$$

2.7 Les variétés invariantes d'une orbite périodique

Les variétés stables et instables d'une orbite périodique sont définies conformément à la notion de stabilité orbitale. Une démonstration analogue à celle du théorème de la variété centrale donne le résultat suivant :

Théorème 26. *Soit Γ une orbite périodique d'un champ de vecteurs. On désigne par λ_j les valeurs propres de la matrice B associée par la théorie de Floquet à l'orbite périodique Γ ($\lambda_n = 1$). On suppose que $k, 0 \le k \le n - 1$ exposants caractéristiques λ_j sont de parties réelles négatives et $m - k$ sont de parties réelles positives, et $n - m - 1$ sont de parties réelles nulles. Alors il existe $\delta > 0$ tel que :*

$$S(\Gamma) = \{x, \mid x - x_0 \mid < \delta, d(\phi_t(x), \Gamma) \to 0, x \to \infty\},$$

est une variété de dimension $k + 1$, invariante par le flot. $S(\Gamma)$ est appelée la variété stable de l'orbite périodique. De même,

$$U(\Gamma) = \{x, \mid x - x_0 \mid < \delta, d(\phi_t(x), \Gamma) \to 0, x \to -\infty\},$$

est une variété de dimension $m - k + 1$ appelée la variété instable de l'orbite périodique. Les deux variétés se coupent transversalement le long de l'orbite périodique. Il existe de plus une variété centrale de dimension $n - m$.

La démonstration de ce théorème est très proche de celle faite pour l'existence de la variété centrale d'un point singulier. On pourra consulter [Hartman, 1964] pour voir une démonstration de ce théorème.

2.8 La phase asymptotique d'une orbite périodique

Sous les mêmes hypothèses que celles du théorème précédent, on peut montrer le résultat plus précis suivant concernant la variété stable d'une orbite périodique.

Théorème 27. *Il existe α et K tels que $\mathrm{Re}(\lambda_j) < -\alpha, j = 1, ..., k$ et $\mathrm{Re}(\lambda_j) > \alpha, j = k + 1, ..., n$ et pour tout $x \in S(\Gamma)$, il existe une phase asymptotique t_0 telle que pour tout $t \ge 0$,*

$$\mid \phi_t(x) - \gamma(t - t_0) \mid < K \mathrm{e}^{-\alpha \frac{t}{T}}.$$

De même, pour tout $x \in U(\Gamma)$, il existe une phase asymptotique t_0 telle que pour tout $t \le 0$,

$$\mid \phi_t(x) - \gamma(t - t_0) \mid < K \mathrm{e}^{\alpha \frac{t}{T}}.$$

Preuve. On peut se ramener par exemple au cas où l'orbite est attractive en se restreignant à la variété stable. On désigne par $\gamma : t \mapsto \gamma(t)$ l'orbite périodique. On peut supposer que $\gamma(0) = 0$, et on introduit Π une section transverse au flot qui passe par $\gamma(0)$. L'application de premier retour s'écrit

$$P : x_0 \mapsto x_1 = A.x_0 + D(x_0), \quad x_0 \in \Pi,$$

où $a = \| A \| < e^{-\alpha}$ et où D s'annule ainsi que toutes ses dérivées en O. On a donc que si ϵ est suffisamment petit, $\| x_0 \| < \epsilon$, $\| x_1 \| < e^{-\alpha} \| x_0 \|$ et plus généralement, $x_n = P^n(x_0)$, vérifient $\| x_n \| < e^{-\alpha n} \| x_0 \|$. Ceci démontre en particulier que x_n tend vers 0, ce qui exprime la stabilité orbitale.

Etant donné ϵ arbitraire, par continuité du flot le long d'un ensemble invariant compact, il existe $\delta = \delta(\epsilon)$ tel que si la distance $d(\gamma, x_0) < \delta$, il existe une plus petite valeur positive $\tau_0 = \tau_0(x_0)$ telle que le flot $\phi_t(x_0)$ existe pour $0 \le t \le \tau_0$, $\phi_{\tau_0}(x_0) \in \Pi$, et $\| \phi_{\tau_0}(x_0) \| < \epsilon$. On reprend la notation du théorème 7 et on désigne par $\tau(x)$ la fonction temps de premier retour. On introduit $\tau_1 = \tau(x_0)$, $\tau_n = \tau_{n-1} + \tau(x_n)$. Comme la fonction τ est de classe C^1 et que x_n tend vers 0, il existe L_0 tel que

$$| \tau(x_{n-1}) - T | < L_0 \| x_{n-1} \| < L_0 e^{-\alpha(n-1)} \| x_0 \|.$$

La série de terme général $(\tau_n - nT) - (\tau_{n-1} - (n-1)T)$ est donc normalement convergente. Il s'ensuit que la suite $\tau_n - nT$ est convergente et on désigne par t_0 sa limite. En prenant une somme partielle de la série, on obtient de plus la majoration

$$| \tau_n - (nT + t_0) | \le L_1 e^{-\alpha n} \| x_0 \|,$$

avec $L_1 = L_0/(1 - e^{-\alpha})$. Il s'ensuit la majoration suivante :

$$\| \phi_{t+\tau(n)}(x_0) - \phi_{t+nT+t_0}(x_0) \| \le L_3 e^{-\alpha n} \| x_0 \|.$$

On a de plus

$$\| \phi_{t+\tau_n}(x_0) - \gamma(t) \| = \| \phi_t(x_n) - \phi_t(0) \| \le L_2 \| x_0 \| \le L_2 e^{-\alpha n} \| x_0 \|.$$

Ceci permet d'écrire la majoration

$$\| \phi_{t+nT+t_0}(x_0) - \gamma(t) \| \le (L_2 + L_3) e^{-\alpha n} \| x_0 \|,$$

et en changeant $t + nT + t_0$ en t, d'obtenir le résultat cherché :

$$\| \phi_{t+t_0}(x_0) - \gamma(t) \| \le K' e^{-\alpha \frac{t}{T}} \| x_0 \|.$$

$\square$

2.9 Persistance des points singuliers hyperboliques et des orbites périodiques hyperboliques, les variétés invariantes normalement hyperboliques

On considère une famille de champs de vecteurs différentiables qui dépend différentiablement d'un paramètre λ :

$$\frac{dx}{dt} = f(x, \lambda). \tag{2.4}$$

On suppose que pour $\lambda = \lambda_0$, le champ de vecteurs possède un point singulier x_0 :

$$f(x_0, \lambda_0) = 0.$$

Le théorème des fonctions implicites implique que si

$$\text{Jac}_x f(x_0, \lambda_0) \neq 0, \tag{2.5}$$

il existe une solution $x(\lambda)$ aux équations

$$f(x(\lambda), \lambda) = 0,$$

dépendant différentiablement de λ. On résume cette situation en disant qu'il y a persistance d'un point singulier qui satisfait la condition (2.5). Dans le cas où le point singulier x_0 est hyperbolique, la condition (2.5) est bien sûr satisfaite. Les valeurs propres $\mu(\lambda)$ de la matrice

$$\text{Jac}_x f(x(\lambda), \lambda)$$

dépendent continûment du paramètre λ et si

$$\text{Re}(\mu(\lambda_0)) \neq 0,$$

il existe un voisinage de λ_0 dans l'espace des paramètres sur lequel on a encore

$$\text{Re}(\mu(\lambda)) \neq 0.$$

On a donc persistance d'un point singulier hyperbolique.

Théorème 28. *On suppose que la famille de champ de vecteurs (2.4) possède pour $\lambda = \lambda_0$ une orbite périodique γ_{λ_0} qui est hyperbolique. Alors, pour tout λ proche de λ_0, le champ de vecteurs (2.4) possède une orbite périodique hyperbolique proche de γ_{λ_0} qui tend vers γ_{λ_0} lorsque $\lambda \to \lambda_0$.*

Preuve. Soit Σ une section transverse au flot de

$$\frac{dx}{dt} = f(x, \lambda_0),$$

au voisinage de γ_0 et soit

$$P : \Sigma \to \Sigma, \quad P : u \mapsto P(u, \lambda_0)$$

l'application de premier retour de Poincaré. Le théorème 4 et la définition 10 permettent de démontrer que le champ de vecteurs

$$\frac{dx}{dt} = f(x, \lambda),$$

possède une application de premier retour de Poincaré

$$u \mapsto P(u, \lambda),$$

qui dépend différentiablement de (u, λ). L'existence de l'orbite périodique γ_0 implique l'existence d'une solution u_0 à l'équation

$$P(u, \lambda_0) - u = 0.$$

L'orbite est hyperbolique et le théorème 25 implique que

$$\mathrm{Jac}_u[P(u, \lambda) - u]\,|_{u=u_0, \lambda=\lambda_0} \neq 0.$$

Le théorème des fonctions implicites implique donc l'existence d'une solution $u(\lambda)$ aux équations

$$P(u(\lambda), \lambda) - u(\lambda) = 0.$$

La continuité des valeurs propres de $\mathrm{Jac}P(u(\lambda), \lambda)$ en fonction de λ implique que l'orbite périodique correspondante reste hyperbolique.   □

Il est naturel de se poser la question de la généralisation de cette persistance pour un ensemble invariant quelconque. Cette question a donnée lieu a un développement considérable des systèmes dynamiques dans la tradition des premiers travaux de Hartman. On peut citer en particulier [Hirsh-Pugh-Shub, 1977] et indépendamment les travaux de [Fenichel, 71-79].

Soit M une sous-variété d'une variété V invariante pour un champ de vecteurs différentiable

$$\frac{dx}{dt} = f(x)$$

défini sur V. On considère en chaque point x de M, l'espace tangent $T_x M$ et l'espace normal $N_x M$ et soit $\Pi : T_x V \to N_x M$ la projection orthogonale de l'espace tangent en x à la variété ambiante sur l'espace normal à la sous-variété invariante. On note $D\phi(t)$ l'application linéaire tangente au flot $\phi(t)$ associé au système différentiel. On pose :

$$v(t) = D\phi(t)v(0),$$

$$w(t) = \Pi D\phi(t)w(0),$$

pour $v(0) \in T_x M$ et $w(0) \in N_x M$.

Définition 31. *La variété invariante M est dite normalement contractante si*

$$\lim_{t \to +\infty}(|\,w(t)\,| \,/\, |\,v(t)\,|) = 0,$$

quelque soit les données initiales $v(0) \neq 0, w(0)$. Elle est dite normalement dilatante si

$$\lim_{t \to -\infty}(|\,w(t)\,| \,/\, |\,v(t)\,|) = 0,$$

quelque soit les données initiales $v(0) \neq 0, w(0)$.

La définition de variété normalement hyperbolique s'obtient comme une généralisation immédiate.

Définition 32. *La sous-variété invariante M est dite normalement hyperbolique s'il existe une décomposition $TV = U + S$ en deux sous-fibrés vectoriels (au-dessus de M) invariants par $T\phi(t)$ qui contiennent tous deux TM. On suppose de plus qu'il existe des supplémentaires NU et NS: $NU + TM = U, NS + TM = S$ tels que pour tout $v(0) \in T_xM$, $w(0) \in NU_x$:*

$$\lim_{t \to -\infty}(\mid w(t) \mid / \mid v(t) \mid) = 0,$$

et pour tout $v(0) \in T_xM$, $w(0) \in NS_x$,

$$\lim_{t \to +\infty}(\mid w(t) \mid / \mid v(t) \mid) = 0.$$

Dans le cas particulier où M est un point singulier, on retrouve la notion de point singulier asymptotiquement stable. Dans le cas d'une dynamique de plan où M est un cycle limite, on retrouve la notion de cycle limite hyperbolique stable. Les variétés invariantes normalement hyperboliques sont persistantes par petites déformations de la dynamique [Fenichel, 1979], [Hirsh-Pugh-Shub, 1977].

Théorème 29. *On considère un champ de vecteurs différentiable*

$$\frac{dx}{dt} = f(x),$$

qui présente une variété invariante normalement hyperbolique compacte M. Soit

$$\frac{dx}{dt} = f(x) + \epsilon g(x, \epsilon),$$

une perturbation de ce système. Alors cette perturbation présente une variété normalement hyperbolique invariante M_ϵ qui est proche de M et qui est difféomorphe à M.

Si on fixe un point x sur la variété invariante M, on peut s'intéresser à l'ensemble des points y tels que le flot $\phi(t)(y)$ s'approche plus vite de $\phi(t)(x)$ que de tout autre point $\phi(t)(z)$, $z \in M$ lorsque t tend vers l'infini.

Définition 33. *On suppose la variété invariante M normalement contractante. L'ensemble*

$$V_x = \{y, \lim_{t \to \infty} \frac{\mid \phi(t)(x) - \phi(t)(y) \mid}{\mid \phi(t)(x) - \phi(t)(z) \mid} = 0, z \neq x, z \in M\},$$

est appelé la sous-variété stable du point x.

Théorème 30. *Il existe un voisinage V de la sous-variété normalement contractante M dans lequel les sous-variétés stables $V_x, x \in M$ forment une partition (plus précisément un feuilletage).*

Ce théorème est la généralisation du théorème correspondant sur les orbites périodiques attractives (théorème 27).

Soit y un point de ce voisinage, il existe donc un unique point x de M tel que $y \in V_x$. On désigne par h l'application $h : y \mapsto x$.

Théorème 31. *L'application $h : V \mapsto M$ conjugue la dynamique du système différentiel à sa restriction à la variété invariante.*

La démonstration de ces théorèmes est donnée dans le livre [Hirsh-Pugh-Shub, 1977].

2.10 Attracteur, bassin d'attraction et multistabilité, points non errants, stabilité structurelle

La notion de stabilité peut s'étendre à un ensemble C invariant par le flot. On dit que C est stable si pour tout ϵ il existe un δ tel que la solution $x(t)$ avec donnée initiale $x(0)$ telle que $d(x(0), C) < \delta$ existe pour toute valeurs de t et satisfait

$$d(x(t), C) < \epsilon.$$

Il est naturel d'étendre la terminologie d'attracteur, déjà employée pour les points singuliers attractifs, à la situation plus générale des ensembles invariants.

Définition 34. *Un attracteur est un ensemble invariant stable. Le bassin d'attraction d'un attracteur C est formé de l'ensemble des points x de l'espace des phases tels*

$$\lim_{t \to +\infty} \phi_t(x) \in C.$$

La notion de bistabilité doit son importance à ses multiples applications en biomathématiques. En toute généralité, on peut dire qu'un système est bistable s'il présente deux attracteurs stables. On en verra un exemple avec la bifurcation de Hopf sous-critique, lorsqu'on varie le paramètre dans l'intervalle durant lequel le point singulier est encore stable et où il existe déjà un cycle limite stable (et un autre instable). La présence simultanée du point singulier stable et de l'orbite périodique stable manifeste le caractère bistable du système.

Il est bien sûr naturel de définir une notion plus générale de multistabilité lorsqu'il y a co-existence de plusieurs attracteurs stables.

Définition 35. *On considère un champ de vecteurs de classe C^1 dont on note ϕ_t le flot à l'instant t. Un point x de l'espace des phases est dit non errant si pour tout voisinage U de x et toute valeur $T > 0$, il existe $t > T$ tel que*

$$\phi_t(U) \cap U$$

est non vide.

Les premiers travaux dans la direction de la caractérisation des systèmes structurellement stables sont de Andronov-Pontryagin. Ils furent ensuite généralisés par Peixoto avec le

Théorème 32. *On considère un champ de vecteurs de classe C^1 sur une variété compacte de dimension 2. Le champ est structurellement stable si et seulement si :*

1- Les points singuliers et les orbites périodiques sont hyperboliques et en nombre fini,

2- il n'y a pas de solutions homocline ou hétérocline entre les points singuliers,

3-l'ensemble des points non errants est uniquement formé des points singuliers et des orbites périodiques.

Les travaux de Kupka et Smale permirent d'étendre le résultat de Peixoto aux variétés de dimension plus grande avec le

Théorème 33. *On considère un champ de vecteurs de classe C^1 sur une variété compacte. Si le champ de vecteurs satisfait les conditions :*

1- Les points singuliers et les orbites périodiques sont hyperboliques et en nombre fini,

2- les variétés stables et instables qui s'intersectent le font transversalement,

3-l'ensemble des points non errants est uniquement formé des points singuliers et des orbites périodiques,

est structurellement stable. Si la dimension est plus grande ou égale à 3, la réciproque est fausse.

Problèmes

2.1. Existence de connexions homoclines pour des perturbations non autonomes de systèmes Hamiltoniens

On suppose qu'un système hamiltonien du plan

$$\dot{x} = \frac{\partial H}{\partial y}$$

$$\dot{y} = -\frac{\partial H}{\partial x},$$

possède une ligne de niveau critique $H(x, y) = 0$, passant par le point critique $p_0 = (0, 0)$ qui contient une connexion homocline pour le système différentiel associé. On suppose que p_0 est un col. On perturbe alors le système

$$\dot{x} = \frac{\partial H}{\partial y} + \epsilon f(x, y, t)$$

$$\dot{y} = -\frac{\partial H}{\partial x} + \epsilon g(x, y, t),$$

On cherche à savoir si pour le système perturbé, il existe encore une connexion homocline. On note $\Gamma = (\gamma(t), t \in R)$ la connexion homocline du système pour $\epsilon = 0$ asymptote au col $p_0 = (0, 0)$. Pour ϵ petit, le système possède toujours un point singulier de type col. Les deux variétés stables et instables restent proches l'une de l'autre. Soit Σ une section transverse commune aux deux variétés stables et instables et M_ϵ la distance (sur Σ) entre les deux "premiers" points d'intersection $x_-(\epsilon)$ et $x_+(\epsilon)$ des variétés stables et instables avec Σ. On peut choisir sur Σ la fonction H elle même comme coordonnée locale.

1- Montrer que

$$\frac{\partial M_\epsilon}{\partial \epsilon}\Big|_{\epsilon=0} = \int_\Gamma [f(x, y; t)dy - g(x, y; t)dx].$$

2- En déduire, en utilisant le théorème des fonctions implicites, une condition suffisante à l'existence d'une connexion homocline.

Ce type de méthode est appelée méthode de Melnikov. Il en existe une variante que nous verrons plus loin qui conduit à démontrer que dans certaines circonstances, une déformation d'un système qui possède une connexion homocline a un cycle limite qui naît de la déformation de cette connexion homocline.

2.2. Systèmes dynamiques gradients.

1- Démontrer qu'un système dynamique gradient,

$$\dot{x} = -\mathrm{grad} V(x)$$

défini par une fonction V strictement positive sauf en un point x_0, pour lequel elle s'annule, possède le point x_0 comme point singulier stable.

Soit V une fonction différentiable d'une seule variable qui est partout positive sauf en un point m (qui est un point critique isolé). Soit c_{ij} une matrice symétrique à coefficients négatifs.

2- Démontrer que le système différentiel :

$$\dot{x}_i = -\frac{\partial V}{\partial x}(x_i) + \sum_j c_{ij}(x_i - x_j),$$

admet le point $x_1 = ... = x_n = m$ comme point singulier stable.

Ce résultat s'appelle le théorème de Cohen-Grossberg [Cohen-Grossberg,1983], [Hoppensteadt-Izhikevich, 1997]. Il est très utilisé en neurodynamique. Dans ces applications à la neurodynamique, la matrice c_{ij} s'appelle la matrice des connexions synaptiques.

2.3. La stabilité d'un cycle limite d'un système différentiel dans le plan.

Exprimer la dérivée de l'application de premier retour d'un champ de vecteurs du plan au moyen d'une formule intégrale faisant intervenir la divergence du champ de vecteurs (formule de Pontryagin).

3

La théorie des bifurcations

La théorie des bifurcations des champs de vecteurs a pour but de décrire les modifications des portraits de phase des champs de vecteurs qui dépendent différentiablement d'un paramètre $\lambda \in R^k$:

$$\dot{x} = f(x, \lambda), \tag{3.1}$$

lorsque le paramètre λ varie. On dit que une valeur λ_0 du paramètre λ est une valeur de bifurcation si le champ de vecteurs $f(x, \lambda_0)$ n'est pas topologiquement équivalent à $f(x, \lambda)$ quel que soit λ au voisinage de λ_0.

3.1 Notions de déploiement universel et de codimension d'une bifurcation

Définition 36. *Si un champ de vecteurs $f_0(x)$ est plongé dans une famille à paramètre λ, c'est à dire qu'il existe une valeur particulière $\lambda = \lambda_0$ telle que $f(x, \lambda_0) = f_0(x)$, et que $f(x, \lambda)$ dépend différentiablement de x et de λ, on dit que la famille est un déploiement du champ de vecteurs.*

On dit qu'un déploiement d'un champ de vecteurs est un déploiement universel si tout déploiement de $f_0(x)$ est topologiquement équivalent (c'est à dire qu'il existe un homéomorphisme qui envoie les trajectoires sur les trajectoires et respecte l'orientation) à un déploiement induit par une restriction du déploiement universel.

Définition 37. *La codimension de la bifurcation est le nombre minimum de paramètres d'un déploiement universel.*

3.2 Le théorème de Sotomayor, le pli, la bifurcation transcritique, la fronce et la fourche pour les champs de vecteurs généraux

On considère d'abord les bifurcations d'un champ de vecteur général.

Théorème 34. *Théorème de Sotomayor*

On suppose que $f(x_0, \lambda_0) = 0$ et que la matrice $A = D_x f(x_0, \lambda_0)$ admet $\mu = 0$ comme valeur propre simple de vecteur propre v. On désigne par w un vecteur propre de la transposée A^t pour la même valeur propre $\mu = 0$. On suppose de plus que A a k valeurs propres de partie réelle négative et $n - k - 1$ valeurs propres de partie réelle positive. On suppose que les conditions suivantes sont satisfaites :

$$w^t D_\lambda f(x_0, \lambda_0) \neq 0,$$

$$w^t D_x^2 f(x_0, \lambda_0)(v, v) \neq 0.$$

Alors, il existe une courbe différentiable de points singuliers du système différentiel

$$\dot{x} = f(x, \lambda),$$

dans $R^n \times R$ qui passe par (x_0, λ_0) et qui est tangente à l'hyperplan $R^n \times \{\lambda_0\}$. Près de x_0, il n'y a aucun point singulier si $\lambda < \lambda_0$ et il y a deux points singuliers si $\lambda > \lambda_0$. Les deux points singuliers sont hyperboliques et possèdent des variétés stables de dimension k et $k + 1$ respectivement. L'ensemble des champs de vecteurs différentiables qui satisfont la condition ci-dessus est un ouvert dense de l'espace de Banach des champs de vecteurs différentiables qui ont le point x_0 comme point singulier avec une valeur propre nulle simple.

La bifurcation ainsi décrite s'appelle la bifurcation pli. Si on modifie les conditions de la sorte :

$$w^t D_\lambda f(x_0, \lambda_0) = 0,$$

$$w^t D_x D_\lambda f(x_0, \lambda_0) v \neq 0,$$

$$w^t D_x^2 f(x_0, \lambda_0)(v, v) \neq 0,$$

la bifurcation s'appelle bifurcation transcritique. Si on les modifie comme suit

$$w^t D_\lambda f(x_0, \lambda_0) = 0,$$

$$w^t D_x D_\lambda f(x_0, \lambda_0) v \neq 0,$$

$$w^t D_x^2 f(x_0, \lambda_0)(v, v) \neq 0,$$

$$w^t D_x^3 f(x_0, \lambda_0)(v, v, v) \neq 0,$$

la bifurcation s'appelle la fourche.

La bifurcation pli représente donc la plus simple (et générique) des façons pour un système de perdre sa stabilité structurale. On ne donne pas la démonstration du théorème de Sotomayor mais on va l'expliciter dans le cas de la dimension un.

3.3 Calculs explicites en dimension un

3.3.1 Bifurcation pli pour un système différentiel de dimension un

Un système différentiel de dimension un :

$$\dot{x} = f(x, \lambda), \quad x \in R, \tag{3.2}$$

présente une bifurcation noeud-col (ou pli) au point de bifurcation $(0, 0)$ si :

$$i) f(0, 0) = 0, \tag{3.3}$$
$$ii) \partial f / \partial x (0, 0) = 0, \tag{3.4}$$
$$iii) \partial^2 f / \partial x^2 (0, 0) \neq 0, \tag{3.5}$$
$$iv) a = \partial f / \partial \lambda (0, 0) \neq 0. \tag{3.6}$$

Ceci implique que le système s'écrit

$$\dot{x} = a + bx^2 + \dots$$

et un changement de variable le ramène à

$$\dot{x} = a + bx^2. \tag{3.7}$$

Pour fixer les idées, on peut supposer que $b > 0$. Si $a > 0$, le système ne présente aucun point singulier. Si $a < 0$, le système présente deux points singuliers $x_0 = \sqrt{-\frac{a}{b}}$, et $x_1 = -\sqrt{-\frac{a}{b}}$. Si on suspend cette dynamique de dimension un en une dynamique du plan :

$$\dot{x} = a + bx^2,$$

$$\dot{y} = y,$$

on trouve que les deux points singuliers $(x_0, 0)$ et $(x_1, 0)$ sont du type noeud et col respectivement. D'où la bifurcation noeud-col qui se produit pour $a = 0$.

3.3.2 La bifurcation transcritique pour un système différentiel de dimension un

La forme normale de la bifurcation transcritique est :

$$\dot{x} = \lambda x - x^2. \tag{3.8}$$

Pour $\lambda < 0$, il y a un point singulier instable pour $x = \lambda$ et un point singulier stable pour $x = 0$. Lorsque $\lambda > 0$, le point singulier $x = \lambda$ devient stable tandis que $x = 0$ devient instable. A la différence de la bifurcation pli, après la bifurcation, il n'y a pas disparition des deux points singuliers mais plutôt un échange de stabilité entre les points singuliers.

3.3.3 Bifurcation fronce pour un système différentiel de dimension un

Le système (3.1) présente une bifurcation de type fronce si :

$$i) f(0,0) = \partial f/\partial x(0,0) = 0,$$

$$ii) \partial^2 f/\partial x^2 = 0,$$

$$iii) \sigma = (1/6)\partial^3 f/\partial x^3(0,0) \neq 0,$$

et si les deux vecteurs

$$a = \partial f/\partial \lambda(0,0),$$

et

$$b = \partial^2 f/\partial \lambda \partial x(0,0),$$

sont linéairement indépendants. Dans le cas de la dimension un (3.2), on obtient :

$$\dot{x} = a + bx + \sigma x^3 \tag{3.9}$$

Les points singuliers sont sur la courbe d'équation

$$a + bx + \sigma x^3 = 0,$$

qui se projette sur le plan des paramètres (a, b). Il y a une ligne de bifurcation de type pli

$$a^2 = (1/9)b^3, b \neq 0.$$

Le point $(a, b) = (0, 0)$ est dit point fronce.

Dans le cas ou $a = 0$, la bifurcation s'appelle la fourche. On peut dans ce cas absorber $| \sigma |$ par changement de variable et distinguer, la bifurcation fourche surcritique

$$\dot{x} = bx - x^3,$$

et la bifurcation fourche sous-critique

$$\dot{x} = bx + x^3.$$

3.4 La théorie des catastrophes de Thom

Un point singulier d'un champ de gradient

$$\frac{dx}{dt} = \mathrm{grad}V(x),$$

est un point critique de la fonction V. On suppose que la fonction $V : U \to R$ est définie et indéfiniment différentiable sur un ouvert U. Soit $x_0 \in U$, un point critique de V.

Définition 38. *Le point x_0 est un point critique du type de Morse si la Hessienne de V en x_0 : $D_x^2 V(x_0)$ est de rang maximal n. Le corang d'un point singulier x_0 est le corang de la matrice $D_x^2 V(x_0)$.*

Pour analyser localement une fonction au voisinage d'un point critique x_0, on introduit l'anneau local E des germes de fonctions C^∞ en ce point.

Définition 39. *L'idéal Jacobien de la fonction V au point x_0 est l'idéal engendré dans l'anneau E par les fonctions dérivées partielles de V: $\frac{\partial V}{\partial x_i}, i = 1, ..., n$, considérées comme éléments de l'anneau E. On le note $\mathrm{Jac}(V)$.*

La singularité est isolée si :

$$\dim E / \mathrm{Jac}(V) < \infty.$$

Dans ce cas, on désigne par nombre de Milnor la dimension :

$$\mu = \dim_R O / \mathrm{Jac}(V).$$

On se rapportera à un cours de théorie des singularités pour plus de développements de ces notions [Martinet, 1982], [Francoise, 1995].

R. Thom a proposé d'étudier en particulier les bifurcations des dynamiques de gradients en présence d'une singularité dont le nombre de Milnor est inférieur à 4 et dont le corang est plus petit que 2 [Thom, 1960, 1974, 1975, 1988]. On considére une fonction C^∞ $V : R^4 \times R^n \to R^n$ où n désigne le nombre de paramètres. On désigne par

$$\pi : R^4 \times R^n \to R^n, \pi : (x, \lambda) \mapsto \lambda,$$

la projection canonique. Une valeur du paramètre λ étant donnée, les états stables en λ sont représentés par les points $x \in \pi^{-1}(\lambda)$ qui sont des minima locaux de la restriction V_λ de V à $\pi^{-1}(\lambda)$.

Théorème 35. *La liste complète des développements universels des singularités dont le nombre de Milnor est inférieur ou égal à 4 et dont le corang est inférieur ou égal à 2 est :*

$\frac{1}{3}x^3 + \lambda_1 x$, *le pli*

$\frac{1}{4}x^4 + \frac{1}{2}\lambda_1 x^2 + \lambda_2 x$, *la fronce,*

$\frac{1}{5}x^5 + \frac{1}{3}\lambda_1 x^3 + \frac{1}{2}\lambda_2 x^2 + \lambda_3 x$, *la queue d'aronde,*

$\frac{1}{6}x^6 + \frac{1}{4}\lambda_1 x^4 + \frac{1}{3}\lambda_2 x^3 + \frac{1}{2}\lambda_3 x^2 + \lambda_4 x$, *le papillon,*

$x^3 - 3xy^2 + \lambda_1(x^2 + y^2) + \lambda_2 x + \lambda_3 y$, *l'ombilic elliptique,*

$x^3 + y^3 + \lambda_1 xy + \lambda_2 x + \lambda_3 y$, *l'ombilic hyperbolique,*

$y^4 + x^2 y + \lambda_1 x^2 + \lambda_2 y^2 + \lambda_3 x + \lambda_4 y$, *l'ombilic parabolique.*

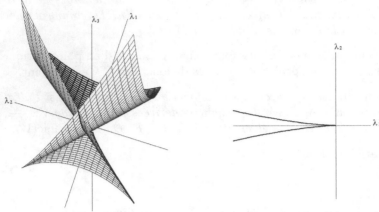

Fig.3a Queue d'Aronde

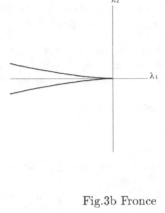

Fig.3b Fronce

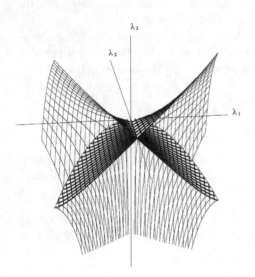

Fig.3c Ombilic hyperbolique

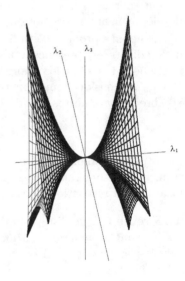

Fig.3d Ombilic elliptique

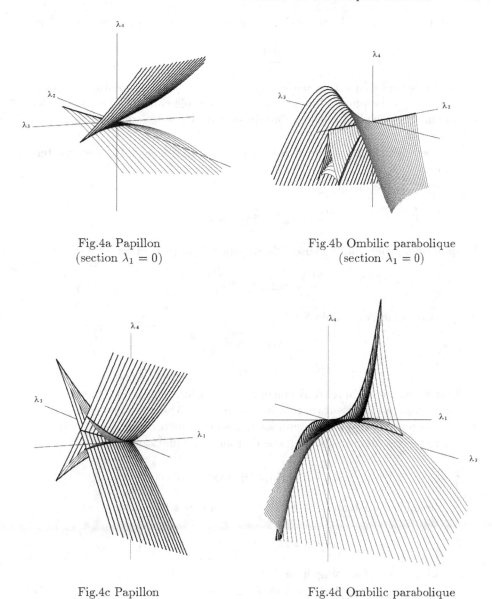

Fig.4a Papillon
(section $\lambda_1 = 0$)

Fig.4b Ombilic parabolique
(section $\lambda_1 = 0$)

Fig.4c Papillon
(section $\lambda_2 = 0$)

Fig.4d Ombilic parabolique
(section $\lambda_2 = 0$)

On ne conserve dans la discussion qui suit que la partie "singularité résiduelle". Pour les trois premiers potentiels, l'équation d'état est

$$\frac{\partial V}{\partial x} = 0,$$

les points singuliers de la projection π sur l'espace des paramètres sont définis par

$$\frac{\partial^2 V}{\partial x^2} = 0.$$

Ils se projettent dans l'espace des paramètres sur un ensemble S appelé l'ensemble catastrophique du système. Cet ensemble constitue l'ensemble des discontinuités dans l'état d'équilibre du système considéré qui correspond au minimum du potentiel.

On peut considérer à nouveau le cas de la fronce avec cette nouvelle terminologie.

L'équation d'état est

$$\frac{\partial V}{\partial x} = 4x^3 + 2\lambda_1 x + \lambda_2 = 0.$$

L'équation qui détermine l'ensemble singulier de la projection est

$$\frac{\partial^2 V}{\partial x^2} = 12x^2 + 2\lambda_1 = 0,$$

ce qui détermine l'ensemble S :

$$\lambda_1 = -6x^2$$

$$\lambda_2 = 8x^3.$$

Si λ est à l'extérieur du rebroussement S, $\pi^{-1}(\lambda)$ consiste en un seul point. Par contre si λ est à l'intérieur du rebroussement, $\pi^{-1}(\lambda)$ consiste en trois points. Un de ces points est un maximum local, les deux autres sont des minima.

Considérons maintenant la queue d'aronde. L'équation d'état est

$$\frac{\partial V}{\partial x} = 5x^4 + 3\lambda_1 x^2 + 2\lambda_2 x + \lambda_3 = 0.$$

L'ensemble catastrophique est donné de plus par l'équation

$$\frac{\partial^2 V}{\partial x^2} = 20x^3 + 6\lambda_1 x + 2\lambda_2 = 0.$$

C'est donc une surface singulière.

Dans le cas du papillon, les deux équations

$$\frac{\partial V}{\partial x} = 6x^5 + 4\lambda_1 x^3 + 3\lambda_2 x^2 + 2\lambda_3 x + \lambda_4 = 0,$$

$$\frac{\partial^2 V}{\partial x^2} = 30x^4 + 12\lambda_1 x^2 + 6\lambda_2 x + 2\lambda_3 = 0,$$

définissent une variété algébrique singulière de dimension 3. On ne peut donc représenter que des sections planes du papillon et les voir évoluer en fonction d'un des paramètres.

Pour ce qui est des ombilics, il y a maintenant deux équations d'état :

$$\frac{\partial V}{\partial x} = \frac{\partial V}{\partial y} = 0.$$

L'ensemble catastrophique S est déterminé par une équation supplémentaire

$$\text{Hess}V = \frac{\partial^2 V}{\partial x^2} \frac{\partial^2 V}{\partial y^2} - (\frac{\partial^2 V}{\partial x \partial y})^2 = 0.$$

Dans les cas de l'ombilic hyperbolique et de l'ombilic elliptique, l'ensemble S est donc une surface singulière. Pour le dernier cas qui est celui de l'ombilic parabolique, l'ensemble S est de dimension 3. On peut représenter une famille de sections lorsqu'un des paramètres varie.

3.5 La bifurcation de Hopf

On considère un champ de vecteurs X_λ de classe $C^k, k \geq 3$

$$\dot{x} = F(x, \lambda),$$

défini sur un domaine $D \text{x}[-\lambda_0, +\lambda_0]$

Théorème 36. *On suppose que $X_\lambda(0) = 0$ pour toute valeur de λ et que le linéarisé de X_λ à l'origine a deux valeurs propres complexes conjuguées $\mu(\lambda)$ et $\overline{\mu(\lambda)}$, telles que pour $\lambda > 0$, $\text{Re}(\mu(\lambda)) > 0$, et $\text{Re}(\mu(0)) = 0$. Si on a de plus*

$$\frac{d(\text{Re}(\mu(\lambda)))}{d\lambda}\mid_{\lambda=0} > 0,$$

alors il y a une fonction de classe C^{k-2} $\lambda : (-\epsilon, +\epsilon) \rightarrow R$ telle que $(x_1, 0, \lambda(x_1))$ appartient à une orbite périodique de période proche de $2\pi / \mid \mu(0) \mid$ et de rayon proche de $\sqrt{\lambda}$, telle que $\lambda(0) = 0$.

Il existe plusieurs démonstrations différentes, la démonstration donnée ici suit celle de [Marsden-McCracken, 1976].

Preuve. On fait d'abord la démonstration dans le cas de la dimension deux.

La première étape de la démonstration n'utilise que de l'algèbre linéaire et elle permet de se ramener, après un changement linéaire de coordonnées dépendant différentiablement du paramètre λ, au cas où la partie linéaire du champ de vecteurs à l'origine est :

$$\frac{dx}{dt} = \text{Re}\mu(\lambda)x \quad \text{Im}\mu(\lambda)y$$

$$\frac{dy}{dt} = \text{Im}\mu(\lambda)x + \text{Re}\mu(\lambda)y.$$

On passe alors en coordonnées polaires. On note

$$\Psi : R \to R, \quad \Psi : (r, \theta) \mapsto (r\cos\theta, r\sin\theta),$$

le changement de coordonnées des coordonnées cartésiennes aux coordonnées polaires. On définit en dehors de $r = 0$ le champ de vecteurs

$$\overline{X}_\lambda = \Psi * (X_\lambda) = \overline{X}_{\mu r} \frac{\partial}{\partial r} + \overline{X}_{\mu\theta} \frac{\partial}{\partial\theta}.$$

On calcule explicitement les composantes du champ $\overline{X}_\lambda$ et on constate facilement que la première composante $\overline{X}_{\lambda r}$ est définie même en $r = 0$ et que la deuxième composante $\overline{X}_{\lambda\theta}$ tend vers une limite finie lorsque $r \to 0$:

$$\lim_{r\to 0}\overline{X}_{\lambda\theta} = 1.$$

On vérifie de plus que cette dernière composante peut être prolongée à $r = 0$ en une fonction de classe C^2. Le champ de vecteurs $\overline{X}_\lambda$ est donc de classe C^2. Si on désigne par $\Phi(t)$ et $\overline{\Phi}(t)$ les flots des champs X_μ et $\overline{X}_\mu$, on a $\Psi o\overline{\Phi}_t = \Phi_t o\Psi$. On a de plus $\overline{\Phi}_t(0, \theta) = (0, \theta - t, \lambda)$. L'orbite de $\overline{X}$ de l'origine est donc périodique de période $2\pi/ \mid \mu(0) \mid$. Elle possède une application de premier retour de classe C^2. Avec le changement de coordonnées polaires, ceci donne une application de premier retour définie au voisinage de $(x, 0, \mu)$, $x \in (-\epsilon, +\epsilon)$, $\lambda \in (-\epsilon, +\epsilon)$ $P(x, \lambda) = x + V(x, \lambda)$ de classe C^2.

On calcule alors la dérivée $\frac{\partial P(x,\lambda)}{\partial x}$ pour $(x, \lambda) = (0, 0)$. Pour cela, on remarque que le système différentiel associé au champ de vecteurs $\overline{X}_\lambda$ est de la forme :

$$\frac{dr}{d\theta} = \frac{[\mathrm{Re}\mu(\lambda)]r + r^2 A(r, \theta)}{\mathrm{Im}\mu(\lambda) + rB(r, \theta)}.$$

Cette équation admet une solution $r(\theta)$ qui est une fonction différentiable de la donnée initiale $r_0 = x$ et on trouve

$$\frac{dr}{dx} = \exp(\frac{\mathrm{Re}\mu(\lambda)}{\mathrm{Im}\mu(\lambda)}\theta).$$

En particulier pour $\theta = 2\pi$, on trouve que la dérivée cherchée vaut $\exp(2\pi\frac{\mathrm{Re}\mu(\lambda)}{\mathrm{Im}\mu(\lambda)})$.

La dernière étape de la démonstration de l'existence d'une orbite périodique se fait en étudiant les zéros de $V(x, \lambda)$. On ne peut pas directement appliquer le théorème des fonctions implicites à l'équation $V(x, \lambda) = 0$ parce que $\frac{\partial V}{\partial \lambda}(0, 0) = 0$ et $\frac{\partial V}{\partial x}(0, 0) = 0$. Mais au lieu de $V(x, \lambda)$, on considère la fonction $\overline{V}$ définie par $\frac{V(x,\lambda)}{x}$, $x \neq 0$ et $\frac{\partial V}{\partial x}(0, \lambda)$ pour $x = 0$. On montre facilement que cette extension est de classe C^1. On a alors

$$\overline{V}(0, 0) = \frac{\partial V}{\partial x}(0, 0) = \exp(2\pi\frac{\mathrm{Re}\mu(0)}{\mathrm{Im}\mu(0)}) - 1 = 0,$$

puisque $\mathrm{Re}\lambda(0) = 0$. On a de plus

$$\frac{\partial \overline{V}}{\partial \lambda} = \lim_{\lambda \to 0} \frac{1}{\lambda} [\frac{\partial V}{\partial x}(0, \lambda) - \frac{\partial V}{\partial x}(0, 0)] =$$

$$\frac{\partial^2 V}{\partial \lambda \partial x}(0, 0) = \frac{2\pi}{\mathrm{Im}\mu(0)} \frac{d[\mathrm{Re}\mu(\lambda)]}{d\lambda} \big|_{\lambda=0} \neq 0.$$

On peut donc appliquer le théorème des fonctions implicites et en déduire qu'il existe une fonction de classe C^1, $\lambda(x)$ telle que $V(x, \lambda(x)) = 0$.

On termine la démonstration en dimension quelconque en utilisant le théorème de la variété centrale appliqué en dimension $n + 1$ au système $(X(\lambda), 0)$. On se ramène à une variété centrale de dimension 3 et qui donne un champ de vecteurs en dimension 2 dépendant du paramètre λ.   □

La démonstration précédente peut être complétée en introduisant une condition supplémentaire qui assure la stabilité de l'orbite périodique. On suppose maintenant le champ de vecteurs au moins de classe C^4. On obtient en suivant la démonstration du théorème 36, que l'application de premier retour est au moins de classe C^3.

Théorème 37. *On suppose que l'application de premier retour est telle que*

$$\frac{\partial^3 V}{\partial x^3}(0, 0) < 0,$$

en sus des conditions du théorème 36, alors l'orbite périodique est stable.

Preuve. On commence par remarquer que l'existence d'une orbite périodique , passant par le point $(x, 0)$ tel que $V(x, \lambda(x)) = 0$, implique que cette orbite intersecte aussi l'axe $y = 0$ en le point $(-x, 0)$. On a donc existence d'une suite de valeurs x_n et $-x_n$ telles que $x_n \to 0$ et que $\frac{\lambda(x_n)}{x_n}$ et $\frac{\lambda(-x_n)}{-x_n}$ sont de signes opposés et tendent vers $\lambda'(0)$ lorsque $x_n \to \infty$. Ceci implique que $\lambda'(0) = 0$. En dérivant deux fois la relation

$$V(x, \lambda(x)) \equiv 0,$$

et en utilisant le fait que

$$V(0, 0) = \frac{\partial V}{\partial x}(0, 0) = \lambda'(0) = 0,$$

on obtient

$$\frac{\partial^2 V}{\partial x^2}(0, 0) = 0.$$

On va montrer que $\frac{\partial V}{\partial x}(x, \lambda(x))$ a un maximum local en 0. Ceci entraine en effet que $\frac{\partial P}{\partial x} < 1$ et comme par continuité $\frac{\partial P}{\partial x} > 0$, le fait que l'orbite est attractive.

On remarque pour cela que 0 est un point critique de la fonction $f(x) = \frac{\partial V}{\partial x}(r, \lambda(r))$ et que

$$f''(0) = \frac{2}{3} \frac{\partial^3 V}{\partial x^3}(0, 0) < 0.$$

□

Dans le cas du plan, on peut faire quelques calculs plus explicites. On considère le champ de vecteurs du plan

$$\frac{dx}{dt} = \lambda x - y + p(x, y),$$

$$\frac{dy}{dt} = x + \lambda y + q(x, y),$$

où la perturbation $p(x, y), q(x, y)$ s'écrit

$$p(x, y) = (a_{20}x^2 + a_{11}xy + a_{02}y^2) + (a_{30}x^3 + a_{12}x^2y + a_{21}xy^2 + a_{03}y^3) + \ldots$$

$$q(x, y) = (b_{20}x^2 + b_{11}xy + b_{02}y^2) + (b_{30}x^3 + b_{12}x^2y + b_{21}xy^2 + b_{03}y^3) + \ldots$$

Le système possède une application de premier retour à l'origine nôtée $s \mapsto P(s)$. La dérivée première de l'application $s \mapsto P(s)$ vaut $P'(0) = \exp(2\pi\lambda)$. Si $\lambda = 0$, la dérivée d'ordre deux est

$$\sigma = \frac{3\pi}{2}[3(a_{30}+b_{03})+(a_{12}+b_{21})-2(a_{20}b_{20}-a_{02}b_{02})+a_{11}(a_{02}+a_{20})-b_{11}(b_{02}+b_{20})].$$

Si $\sigma \neq 0$, une bifurcation de Hopf se produit à l'origine si $\mu = 0$. Si $\sigma < 0$, il y a un unique cycle limite stable qui naît à l'origine pour μ croissant à partir de 0. Si $\sigma > 0$, il y a un unique cycle limite instable qui bifurque à partir de l'origine lorsque μ décroit à partir de 0. Dans le premier cas, on dit que la bifurcation de Hopf est surcritique et dans le second cas, on dit qu'elle est sous-critique.

3.6 La théorie de Hopf-Takens et la théorie de Bautin

L'extension de la bifurcation de Hopf à des codimensions plus grandes se fait à l'aide de la forme normale de Birkhoff à paramètres. On admet ici sans démonstration l'énoncé suivant :

Proposition 4. *Soit X_λ une famille différentiable à p paramètres ($\lambda \in R^p$) de champ de vecteurs du plan tel que 0 est une point singulier et la partie linéaire du champ en 0 est :*

$$j_1(X_\lambda) = y\frac{\partial}{\partial x} - x\frac{\partial}{\partial y},$$

il existe un changement différentiable de coordonnées qui conjugue la famille à

$$\dot{r} = rf(r^2, \lambda) + g(r\cos\theta, r\sin\theta, \lambda) \quad \dot{\theta} = 1, \tag{3.10}$$

où g est une fonction C^∞-plate à l'origine 0 pour tout λ.

Takens a développé une théorie qui permet de ramener l'étude des bifurcations possibles des cycles limites d'une famille X_λ à celle d'une forme normale polynômiale $X_\pm^l$:

$$X_\pm^l = (y\frac{\partial}{\partial x} - x\frac{\partial}{\partial y}) \pm (r^{2l} + a_{l-1}r^{2(l-1)} + ...a_1 r^2 + a_0)(x\frac{\partial}{\partial x} + y\frac{\partial}{\partial y}).$$

La forme normale de Birkhoff ne permet pas d'aller au delà de la proposition 4. Il faut alors plusieurs outils supplémentaires pour développer la théorie de Takens. On ne peut que les résumer rapidement en espérant donner l'essentiel des idées. Takens commence par construire une fonction différentiable $D(r^2, \lambda)$ dont les zéros donnent les cycles limites (au voisinage de l'origine) de la famille de champs X_λ. On fixe maintenant une valeur $\lambda = \lambda_0$ et on voit la famille comme un déploiement du champ de vecteurs X_{λ_0}. On introduit la multiplicité l à l'origine de la fonction $D(r^2, \lambda_0)$ définie comme ceci :

$$D(r^2, \lambda_0) = r^{2l+2}F_l(r), \quad F_l(0) \neq 0.$$

On désigne aussi par σ le signe de $F_l(0)$. Il s'agit d'étudier les zéros de la fonction $D(x, \lambda)$. Dans le cas $l = 1$ qui est celui de la bifurcation de Hopf, il nous avait suffit d'appliquer (après quelques divisions) le théorème des fonctions implicites. Ce théorème n'est plus suffisant dans le cas qui nous occupe ici $l > 1$. Il faut utiliser le théorème de préparation. Dans le cas analytique, ce théorème est dû à Weierstrass :

Théorème 38. *Théorème de préparation de Weierstrass*
Soit $F(x, \lambda)$ une fonction analytique en $x \in R$ et $\lambda \in R^n$ définie au voisinage de $(0,0)$. On suppose que pour $\lambda = 0$, la dérivée d'ordre l de $F(x, \lambda)$ par rapport à x est différente de 0. Alors il existe un polynôme distingué

$$P(x, \lambda) = x^l + a_{l-1}(\lambda)x^{l-1} + ... + a_0(\lambda),$$

dont les coefficients sont des fonctions analytiques de λ au voisinage de $\lambda = 0$, et une fonction $U(x, \lambda)$ qui ne s'annule pas dans un voisinage de l'origine $(0,0)$ tels que :

$$F(x, \lambda) = U(x, \lambda)P(x, \lambda).$$

Ce théorème peut s'étendre à la classe différentiable et cette extension est le théorème de préparation de Malgrange [Malgrange, 1970].

Il est facile de vérifier que la fonction qui détermine les cycles limites de $X_\pm^l$ est :

$$D_\pm^l(r, \mu) = \pm r^2(r^{2l} + \mu_{l-1}r^{2(l-1)} + ...\mu_1 r^2 + \mu_0).$$

Utilisant le théorème de Malgrange, Takens démontre d'abord qu'il existe un difféomorphisme h et une submersion ϕ tels que :

$$D(r, \lambda) = D_\sigma^l(h(r, \lambda), \phi(\lambda)).$$

Il en déduit alors le

Théorème 39. *Théorème de Takens*

Il existe un voisinage $U \times W$ de $(0, \lambda_0)$ dans $R^2 \times R^p$, une application h_λ : $U \to R^2$ qui détermine un difféomorphisme de U sur $h_\lambda(U)$ et une application $\phi : W \to R^l$ qui réalise une submersion de W sur $\phi(W)$ tels que avec :

$$\Phi((x, y), \lambda) = (h_\lambda(x, y), \phi(\lambda),$$

on ait :

$$\Phi_* X_\lambda(x, y) = X_\sigma^l(\Phi((x, y), \lambda).$$

Une version plus récente de la théorie de Takens a donné lieu à des énoncés plus faciles à vérifier sur des exemples. Cette version est dans les références [Caubergh-Dumortier, 2004], [Caubergh, 2004].

On peut en effet calculer de façon explicite (avec un bon logiciel de calcul formel) les coefficients de la forme normale de Birkhoff. Ils sont le plus souvent polynômiaux en les paramètres du déploiement. La question se pose concrètement de savoir quelles bifurcations de cycles limites la famille peut présenter, et en particulier quel est le nombre et le type de cycle limite qui peuvent apparaître. On peut alors considérer les coefficients

$$a_0(\lambda), a_1(\lambda), ..., a_l(\lambda),$$

de cette forme normale (écriture en coordonnées polaires comme en (3.10)).

Théorème 40. *Théorème de Caubergh-Dumortier*

Si l'application

$$\lambda \mapsto (a_0(\lambda), ..., a_l(\lambda))$$

est une submersion locale au voisinage de 0, alors la famille présente une bifurcation de Hopf-Takens de codimension l.

La théorie de Hopf-Takens concerne donc le cas où la multiplicité est finie égale à l au voisinage du champ particulier correspondant à la valeur $\lambda = \lambda_0$. La théorie de Bautin (qui est antérieure à la théorie de Hopf-Takens) est plus délicate puisqu'elle concerne les familles pour lesquelles il n'existe pas de borne a priori.

On considère le champ de vecteurs analytique :

$$\dot{x} = -y + cx + \sum_{i,j/i+j \geq d} a_{i,j} x^i y^j = -y + cx + P(x, y), \qquad (3.11)$$

$$\dot{y} = x + cy + \sum_{i,j/i+j \geq d} b_{i,j} x^i y^j = x + cy + Q(x, y). \qquad (3.12)$$

On écrit $(3.11 - 12)$ en coordonnées polaires (r, θ) :

$$x = r\cos(\theta), y = r\sin(\theta).$$

Ceci conduit à :

$$2r\dot{r} = 2(x\dot{x} + y\dot{y}), r\dot{r} = xP + yQ = cr + r^{d+1}A(r,\theta), \qquad (3.13)$$

$$\dot{\theta} = (x\dot{y} - y\dot{x})/(x^2 + y^2) = 1 + r^{d-1}B(r,\theta), \qquad (3.14)$$

où $A(r,\theta)$ and $B(r,\theta)$ sont deux polynomes trigonométriques en $(\cos(\theta),\sin(\theta))$, linéaires en les paramètres (a,b).

Ceci donne

$$dr/d\theta = [cr + r^d A(r,\theta)]/[1 + r^{d-1}B(r,\theta)],$$

et donc

$$dr/d\theta = cr + \sum_{k=0}^{\infty}(-1)^k r^{k(d-1)+d}A(\theta)B(\theta)^k. \qquad (3.15)$$

Cette équation peut être écrite

$$dr/d\theta = cr + \sum_{k=0}^{\infty}(-1)^k r^{k(d-1)+d}A(\theta)B(\theta)^k. \qquad (3.16)$$

où les coefficients $R_k(\theta)$ sont des polynômes trigonométriques en $(\cos(\theta),\sin(\theta))$ qui dépendent polynômialement des paramètres (a,b). Bautin propose de chercher la solution de (3.16) $r = r(\theta)$ telle que $r(0) = r_0$, comme une série :

$$r = v_1(\theta)r_0 + v_2(\theta)r_0^2 + ... + v_k(\theta)r_0^k + ... \qquad (3.17)$$

La comparaison entre (3.16) et (3.17) produit :

$$v_1'(\theta) = c,$$

$$v_2(\theta) = ... = v_{d-1}(\theta) = 0,$$

$$v_d'(\theta) = R_d(\theta),$$

$$v_k'(\theta) = \sum_{i=2}^{k}B_{ik}[v_d(\theta), ..., v_{k-1}(\theta)]R_i(\theta), k \geq d+1. \qquad (3.18)$$

Le polynôme $B_{ik}[a_d, ..., a_{k-1}]$ est à coefficients entiers et coincide avec le coefficient de X^{k-i} dans $(X + a_d X^d + ... + a_p X^p + ...)^i$.

La relation (3.19) permet de construire inductivement les fonctions $v_k(\theta)$

$$v_k(\theta) = \int_0^\theta [\sum_{i=2}^{k}B_{ik}[v_d(\phi), ..., v_{k-1}(\phi)]R_i(\phi)]d\phi.$$

La construction fait apparaître deux faits :

i) Le coefficient $v_k(\theta)$ est un polynôme en θ, $\exp(c\theta)$, (de degré moindre que k) et en $(\sin(\theta), \cos(\theta))$.

ii) Le coefficient $v_k(\theta)$ est polynômial en les paramètres (a, b) du champ de vecteurs. Donc en particulier, les coefficients $v_k(2\pi)$ de l'application de premier retour sont des polynômes en les paramètres (a, b). On obtient l'analycité de l'application de premier retour de Poincaré exprimée par la série convergente

$$r = v_1(2\pi)r_0 + v_2(2\pi)r_0^2 + \dots + v_k(2\pi)r_0^k + \dots \qquad (3.19)$$

Si on ajoute comme hypothèse que le premier terme non linéaire de l'équation est tel que $v_2(2\pi) < 0$, on peut facilement déduire de l'analyse de Bautin le théorème de Hopf (avec cette fois-ci en plus le résultat de la stabilité du cycle limite) dans ce contexte particulier. En effet, l'existence d'un cycle limite qui naît à partir de l'origine lorsque le paramètre λ devient positif est équivalente à l'existence d'une racine positive $r = r(\lambda)$ à l'équation

$$L(r, \lambda) - r = 0.$$

Cette équation est de la forme :

$$f(r, \lambda) = (\exp(2\pi\lambda) - 1) + v_2(2\pi)r + \dots = 0.$$

Le théorème des fonctions implicites implique qu'il existe une solution $r = r(\lambda)$ telle que $r(0) = 0$ puisque $f'_r(0,0) = v_2(2\pi) \neq 0$. Cette solution est positive puisque proche de $-[\exp(2\pi\lambda) - 1]/v_2(2\pi)$.

Si le deuxième coefficient de l'application de Poincaré est nul, il est nécessaire de reporter la discussion sur le troisième et ainsi de suite. En général, on a une bifurcation d'ordre supérieur qui est surcritique ou souscritique dépendant du signe du premier coefficient de l'application de Poincaré qui est différent de zéro. Ce premier coefficient peut se calculer au moyen de l'algorithme des dérivées successives [Francoise, 1996].

Le point le plus important de la théorie de Bautin est l'idée de remplacer le théorème de préparation de Weierstrass, qui ne s'applique pas ici par le théorème suivant (énoncé et démontré en toute généralité pour la première fois dans [Francoise-Pugh, 1987]).

Théorème 41. *Soit $f(x, \lambda) = \sum_{i=0}^{\infty} f_i(\lambda)x^i$ un germe de fonction analytique dont les coefficients dépendent polynômialement de λ. Soit λ_0 une valeur de λ pour laquelle $f(x, \lambda_0) = 0$, quelque soit x. On considère la suite croissante des idéaux engendrés par les coefficients de $f(x, \lambda)$ dans l'anneau des polynômes en λ. Cette suite croissante devient stationnaire et on appelle idéal de Bautin la limite de ces idéaux. Soit l le nombre d'éléments d'un système de générateurs. Il existe un voisinage de l'origine U dans R et un voisinage V de λ_0 dans R^d tel que pour tout $\lambda \in V$, le nombre de $x \in U$ qui sont des zéros isolés de $f(x, \lambda)$ est plus petit que l.*

Ce théorème appliqué à l'application de premier retour conduit à une majoration du nombre de cycles limites qui peuvent apparaître dans un voisinage de l'origine.

La théorie de Bautin a donné lieu à des développements récents [Francoise-Yomdin, 1997], [Francoise, 2001, 2003] avec une version quantitative basée sur des méthodes d'analyse complexe difficiles à présenter dans le cadre de cet ouvrage. Elles conduisent non seulement à préciser les bornes du nombre de cycles limites mais donnent aussi des estimations sur leurs localisations.

Le lien entre les deux approches de Takens et de Bautin a été discuté plus récemment dans [Caubergh-Francoise, 2004] dans le cas particulier des équations de Liénard généralisées.

Dans la littérature biomathématique, on mentionne souvent la bifurcation de Bautin dans un sens beaucoup plus restreint que celui exposé précédemment. Il s'agit du cas particulier décrit par la forme normale de Poincaré-Birkhoff [Francoise, 1995]

$$\dot{x} = ax - \omega y + bx(x^2 + y^2) + cx(x^2 + y^2)^2,$$

$$\dot{y} = ay - \omega x + by(x^2 + y^2) + cy(x^2 + y^2)^2.$$

La bifurcation dite de Bautin se produit lorsqu'on a à la fois $a = b = 0, c \neq 0$ et la famille à trois paramètres en est un déploiement. Dans l'espace des paramètres de ce déploiement, on trouve la bifurcation de Hopf pour $a = 0$, qui est surcritique si $b < 0$ et sous-critique si $b > 0$. De plus si, $b > 0$, il y a une courbe d' équation $b^2 = 4ac$ le long de laquelle, le système possède un cycle limite double.

3.7 Bifurcations d'orbites périodiques

La théorie des bifurcations des systèmes dynamiques discrets consiste à étudier les modifications des aspects qualitatifs des trajectoires formées par les itérés d'une famille d'applications

$$x \mapsto F(x, \lambda),$$

lorsque le paramètre λ varie. En particulier, les bifurcations d'une application de retour d'un système différentiel décrivent des modifications des orbites périodiques.

3.7.1 La bifurcation pli d'un cycle limite

Une analyse locale conduit à considérer le cas de l'application de premier retour

$$P(r) - r = l_0 r + l_1 r^3 + l_2 r^5 + ...$$

qui est conjuguée à l'application polynômiale

$$P(r) - r = l_0 r + l_1 r^3 + l_2 r^5.$$

Les cycles limites au voisinage de l'origine correspondent aux racines de $P(r) - r = 0$ et si on a

$$l_1^2 - 4l_0 l_2 > 0,$$

$$-l_1/l_2 > 0,$$

$$l_0/l_2 > 0,$$

les deux racines de l'équation sont réelles et positives et il y a deux cycles limites, un stable et un instable. La bifurcation se produit à la confluence des deux cycles, c'est à dire lorsque le polynôme a une racine double et donc pour

$$l_1^2 - 4l_0 l_2 = 0.$$

Cette bifurcation s'appelle la bifurcation pli d'un cycle limite.

3.7.2 Bifurcation de cycles limites par déformation continue d'une orbite périodique d'un système périodique.

On considère une petite perturbation d'un système hamiltonien :

$$\dot{x} = \frac{\partial H}{\partial y} + \epsilon f(x, y),$$

$$\dot{y} = -\frac{\partial H}{\partial x} + \epsilon g(x, y).$$

On suppose que le système hamiltonien possède un continuum d'orbites périodiques dans un certain domaine du plan. On désigne par γ_c l'orbite périodique qui correspond à une des composantes connexes de $H(x, y) = c$. On considère la un-forme différentielle associée au champ de vecteurs ci-dessus

$$dH + \epsilon\omega = dH + \epsilon[f(x, y)dy - g(x, y)dx],$$

et qui s'annule identiquement le long des orbites de ce champ de vecteurs. La solution γ_c est une solution du système pour $\epsilon = 0$. Dans la perturbation, la solution se déforme légèrement et on peut calculer sa déformation au premier ordre en ϵ. Soit Σ une section transverse à la solution γ_c munie de la coordonnée $u = H|_\Sigma$. Pour ϵ suffisamment petit, la section Σ reste transverse au flot du système différentiel perturbé. Avec comme donnée initiale un point u de Σ, l'orbite du système différentiel perturbée $\gamma_{c,\epsilon}$ recoupe la section transverse en un point de coordonnée $L(u, \epsilon)$. On a

$$\int_{\gamma_{c,\epsilon}} [dH + \epsilon\omega] = 0.$$

Un développement au premier ordre en ϵ donne

$$\frac{\partial L(u, \epsilon)}{\partial \epsilon}_{|\epsilon=0} = -\int_{\gamma_c} \omega.$$

Par le théorème de préparation de Weierstrass, on sait que les orbites périodiques isolées qui se déforment avec la perturbation en l'orbite périodique γ_c lorsque $\epsilon \to 0$ vont correspondre aux valeurs de c qui sont des zéros isolés de l'intégrale

$$f(c) = \int_{\gamma_c} \omega.$$

Dans le cas où cette fonction est identiquement nulle, il faut utiliser l'algorithme des dérivées successives [Francoise, 1987].

3.7.3 La bifurcation homocline de champs de vecteurs du plan

La bifurcation homocline consiste en la naissance d'un cycle limite par déformation d'une connexion homocline. On suppose que le système

$$\frac{dx}{dt} = f(x, y),$$

$$\frac{dy}{dt} = g(x, y),$$

possède un point singulier (x_0, y_0) de type col et qu'il présente une connexion homocline en ce point ; c'est à dire que la variété stable du col une fois prolongée vient se confondre avec la variété instable (cf. Définition 25). On dit que la connexion homocline est simple si

$$\sigma_0 = [\frac{\partial f}{\partial x} + \frac{\partial g}{\partial y}](x_0, y_0) \neq 0.$$

On peut démontrer le résultat suivant. Si la connexion homocline est simple, il ne peut naître par bifurcation de la connexion homocline qu'un cycle limite au plus et si ce cycle limite existe, il est stable si $\sigma_0 < 0$ et instable si $\sigma_0 > 0$.

3.7.4 Le doublement de période

Cette bifurcation peut se produire dans le cas où un des multiplicateurs de l'orbite périodique devient égal à -1 tandis que les autres sont de module différent de 1. La variété centrale de l'orbite périodique est donc de dimension 1. D'après le théorème de la variété centrale, on peut supposer que la dimension de la variété ambiante est égale à 2. Une section transverse à l'orbite périodique détermine une application de premier retour qui est une application P. On suppose que le système est dans une famille dépendant d'un paramètre λ et que la bifurcation se produit pour la valeur $\lambda = \lambda_0$. On a donc

$$P(\lambda_0)(0) = 0, \quad P'(\lambda_0)(0) = -1.$$

Le théorème des fonctions implicites donne que $P(\lambda)$ possède un unique point fixe voisin de 0. Après translation, on peut supposer que $P(\lambda)(0) = 0$. Pour une famille générique, on peut supposer que $\frac{dP(\lambda)(0)}{d\lambda}$ ne s'annule pas et prendre cette quantité comme paramètre de la déformation. On a donc

$$P(\lambda)(x) = (-1 + \lambda)x + O(x^2).$$

A conjugaison près, on se ramène au cas

$$P(\lambda) : x \mapsto (-1 + \lambda)x - \epsilon x^3, \quad \epsilon = \pm.$$

L'orbite périodique est attractive si $\lambda > 0$ et répulsive pour $\lambda < 0$.

On considère alors les points périodiques de P de période 2. Ils s'obtiennent avec l'application PoP

$$PoP : x \mapsto x + (-2\lambda + \lambda^2)x + \epsilon[1 - \lambda - (\lambda - 1)^3]x^3 + ...$$

Si on néglige les termes en λ^2, on obtient que les points périodiques de période 2 sont donnés par $x = 0$ et par une courbe :

$$\epsilon\lambda - x^2 + ... = 0.$$

Pour $\epsilon\lambda > 0$, on obtient deux points qui sont sur une même orbite périodique de période double du champ de vecteurs. Elle est attractive si $\lambda < 0$ et répulsive si $\lambda > 0$ (le multiplicateur vaut $1 + 4\lambda$). Si on prend le cas $\epsilon < 0$ par exemple, on a ainsi une orbite périodique attractive si $\lambda > 0$, suivie d'une orbite périodique attractive de période double si $\lambda < 0$. D'où le nom de bifurcation de doublement de période. L'orbite périodique de période double borde un ruban de Mobius centré sur l'orbite périodique de période simple et de largeur de l'ordre de $\epsilon\lambda$.

3.8 La bifurcation de Bogdanov-Takens.

Quand un pli et une bifurcation de Hopf se produisent en même temps on a une bifurcation de Bogdanov-Takens. Son étude nécessite l'utilisation des méthodes employées pour la bifurcation homocline et c'est pourquoi elle est présentée après. Il y a différents modèles locaux possibles qui conduisent de toute façon aux mêmes résultats. On considère ce système :

$$\dot{x} = y$$
$$\dot{y} = a + by + x^2 + xy,$$

L'espace des paramètres de la bifurcation est décrit dans le plan des (a, b) de la façon suivante :

Les points singuliers sont donnés par les équations :

$$x = x^+ = \sqrt{-a}, y = 0,$$

et

$$x = x^- = -\sqrt{-a}, y = 0.$$

On a donc une première partition de l'espace des paramètres (a, b) déterminée par l'axe $a = 0$. Si $a < 0$, il y a deux points singuliers, sur l'axe $a = 0$, il y a un point singulier et si $a > 0$, il n'y a pas de points singuliers. Le linéarisé du système différentiel au voisinage du point singulier $(\overline{x}, 0)$ est donné par

$$\dot{x} = y,$$

$$\dot{y} = by + 2\overline{x}x + \overline{x}y.$$

Les valeurs propres λ_1^-, λ_2^- et λ_1^+, λ_2^+ correspondantes aux deux points singuliers sont telles que :

$$\lambda^2 - (b + \overline{x})\lambda - 2\overline{x} = 0.$$

Le point $(x^+, 0)$ est donc un col et le point $(x^-, 0)$, un noeud ou un foyer. Ce dernier point est stable si $b - \sqrt{-a} < 0$ et instable si $b - \sqrt{-a} > 0$. On a donc que l'axe $a = 0$ correspond à une bifurcation pli. On peut vérifier que le changement de stabilité du point $(x^-, 0)$ le long de la branche de parabole $b = \sqrt{-a}$ correspond à une bifurcation de Hopf sous-critique. Il apparaît donc en dessous de la parabole un cycle limite instable. On peut se demander comment ce cycle disparaît. Ce n'est pas possible de s'en rendre compte uniquement par une analyse de points singuliers.

On fait le changement suivant :

$$x = \epsilon^2 u, y = \epsilon^3 v, a = \epsilon^4 \alpha, b = \epsilon^2 \beta,$$

et on change le temps en $t = \epsilon\tau$. Ceci conduit au système

$$\dot{u} = v,$$

$$\dot{v} = \alpha + u^2 + \epsilon(\beta v + uv).$$

On examine alors la situation pour ϵ petit (ce qui va correspondre dans le système initial à des petites valeurs de (a, b)). Pour $\epsilon = 0$ le système est Hamiltonien pour la fonction :

$$H = \frac{1}{2}v^2 - \alpha u - \frac{u^3}{3}.$$

On note en particulier que ce système Hamiltonien présente une connexion homocline γ_0 contenue dans la courbe $H = 2/3$. On fixe α et on cherche les valeurs de β pour lesquelles, lorsque ϵ est petit, la connexion homocline persiste. On doit donc considérer la fonction

$$M(\beta) = \int_{\gamma_0} (\beta v + uv)dv.$$

Le calcul de cette fonction se ramène à des intégrales elliptiques (voir par exemple [Guckenheimer-Holmes, 1983]) et il conduit au fait que $M(\beta)$ s'annule pour $\beta = 5/7$. En revenant aux paramètres initiaux (a, b), on peut achever l'analyse de la bifurcation en ajoutant l'arc de parabole $a = -\frac{49}{25}b^2$ en dessous de l'arc de parabole de la bifurcation de Hopf et qui donne une approximation de la courbe le long de laquelle le cycle limite instable disparaît dans une bifurcation homocline.

A titre d'exercice, on pourra faire une discussion analogue (mais utile à comparer avec la précédente) du système

$$\dot{x} = y$$
$$\dot{y} = a + bx + x^2 + xy.$$

En particulier, on pourra vérifier que dans ce cas il y a une courbe de bifurcation pli, un demi-axe le long duquel il y a une bifurcation de Hopf (sur-critique) et trouver une courbe le long de laquelle il y a une bifurcation homocline.

Problèmes

3.1. Bifurcations globales, Hystérèse et bifurcation pli
On considère les bifurcations globales de la famille

$$\dot{x} = bx + x^3 - x^5.$$

1- Montrer que les deux points singuliers instables qui naissent à l'origine avec la disparition du point singulier stable $x = 0$ deviennent stables loin de l'origine pour une valeur $b = -b_0$.

Ceci conduit pour certaines valeurs de b à la coexistence de plusieurs états stables (multistabilité). Par ailleurs, cela donne le premier (et peut-être le plus simple) exemple d'hystérèse. On y trouve l'origine du terme (retard à un retour à l'équilibre). En effet si on se place pour une valeur initiale de x négative et proche de 0 et qu'on fait augmenter lentement le paramètre b. Lorsqu'il devient positif, le système bascule vers un des deux états stables. Si on fait alors diminuer le paramètre, le système ne revient pas à la donnée initiale de suite mais reste sur l'autre composante stable jusqu'à ce qu'il atteigne un point de cette composante où elle devient instable.

3.2. Exemple d'un système différentiel sur le cercle

On considère l'exemple suivant défini sur le cercle :

$$\dot{\theta} = \omega - a\sin(\theta).$$

Montrer que lorsque $a > \omega$, il y a deux points singuliers, un stable et un instable et que les orbites tendent vers le point stable lorsque $t \to +\infty$.

Cet exemple est à la base de nombreuses modélisations des neurones oscillants, de la synchronisation des lucioles, des cycles de sommeil chez l'homme (voir [Strogatz, 1986, 1987, 1994]) . Dans la discussion qui suit, on suppose (ω, a) positifs. Lorsque a est petit, on constate que le flot est plus rapide lorsque θ est proche de $-\pi/2$ et qu'il est plus lent lorsque θ est proche de $\pi/2$. Ce fait devient plus accusé lorsque a augmente. Lorsque a est très proche de ω et inférieur, le flot passe lontemps près de $\theta = \pi/2$ puis il tourne à grande vitesse autour du cercle. Pour $a = \omega$, le système présente une bifurcation pli en $\theta = \pi/2$.

3.3. Exemples de bifurcations de Hopf sur-critique et sous-critique dans la forme normale de Birkhoff

On considère l'exemple suivant

$$\dot{x} = y + x(\lambda - (x^2 + y^2)),$$

$$\dot{y} = -x + y(\lambda - (x^2 + y^2)).$$

Montrer que si λ est négatif, l'origine est une point singulier stable. Vérifier que si λ est positif, l'origine devient un foyer instable et il apparaît un cycle limite qui est un cercle centré à l'origine d'équation : $x^2 + y^2 = \lambda$.

Le deuxième exemple est donné par

$$\dot{r} = r(\lambda + 2r^2 - r^4),$$

$$\dot{\theta} = 1.$$

Montrer que pour $\lambda \leq -1$, le point singulier $r = 0$ est un foyer stable. Pour $-1 \leq \lambda \leq 0$, le point singulier est toujours un foyer stable, mais il apparaît au voisinage de $r = 1$ un cycle limite instable et un cycle limite stable.

Cette coexistence des deux équilibres stables (le foyer et le cycle limite) s'appelle en biologie "oscillations dures". Pour $\lambda \geq 0$, le cycle limite instable vient disparaitre sur le foyer qui change de stabilité et devient instable tandis que le cycle limite stable subsiste.

3.4. Le système de Van der Pol
On considère le système :

$$\dot{x} = y,$$

$$\dot{y} = -x + \epsilon(x^2 - 1)y.$$

On le voit ici, une première fois, comme une perturbation de l'oscillateur harmonique défini par l'hamiltonien

$$H = \frac{1}{2}(x^2 + y^2).$$

Le système différentiel est associé à la un-forme

$$dH + \epsilon\omega = dH + \epsilon(x^2 - 1)ydx.$$

Montrer qu'un cycle limite peut apparaître par déformation de la courbe $H = c_0$ pour laquelle c_0 est un zéro de

$$c \mapsto f(c) = \int_{\gamma_c} (x^2 - 1)ydx = \pi(\frac{1}{4}r^4 - r^2).$$

3.5. Exemples de bifurcations homoclines

On peut considérer le système

$$\dot{x} = y$$

$$\dot{y} = x + x^2 - xy + \mu y,$$

1- Montrer que pour la valeur $\mu = -1$, le point singulier $(-1,0)$ présente une bifurcation de Hopf surcritique.

2- Vérifier que le cycle limite croît avec μ jusqu' à une valeur proche de $\mu = -0.85$ pour laquelle il disparaît dans une bifurcation homocline.

3.6. Bifurcation doublement de période dans le système de Rössler

Considérer le système dynamique (appelé système de Rössler) :

$$x' = -y + z$$

$$y' = x + ay$$

$$z' = b + z(x - c),$$

faire des simulations numériques avec $b = 0.2$, $c = 5.7$, avec a variant entre $a = 0.1$ et $a = 0.2$. Constater avec la simulation numérique une bifurcation de doublement de période pour $a = 0.11$. Essayer de démontrer l'existence de cette bifurcation en suivant le cours (cf. 3.7.4).

3.7. Modèle allostérique pour les oscillations glycolytiques
Le modèle suivant a été étudié par [Goldbeter-Lefever, 1972]

$$\dot{s} = v - \sigma F(s,p)$$

$$\dot{p} = q\sigma F(s,p) - kp,$$

avec

$$F(s,p) = \frac{s(1+s)(1+p)^2}{L + (1+s)^2(1+p)^2}.$$

1- Démontrer que si $\sigma > v$, il existe un unique point singulier tel que $s > 0$.

2- Démontrer l'existence de valeurs des paramètres pour lesquels il y a une bifurcation de Hopf. *On pourra se reporter à la lecture du chapitre 2 du livre [Goldbeter, 1996] pour le sujet. La glycolyse est constituée d'une chaine de réactions enzymatiques qui dans la levure transforme un sucre comme le glucose ou le fructose en de l'éthanol et du gaz carbonique. On a localisé dans cette chaine la source d'oscillations avec les hexoses (glucose 6-phosphate ou fructose 6-phosphate). Le comportement périodique est initié par l'étape enzymatique catalysée par la phosphofructokinase (PFK). Cette réaction biochimique est très souvent présente dans des systèmes métaboliques. Le système ci-dessus décrit les équations d'évolution d'un substrat s et d'un produit p. Le paramètre v représente une vitesse d'injection de substrat et σ représente la vitesse maximale de la réaction enzymatique. La fonction F utilisée ici correspond au cas le plus simple de l'enzyme dimérique.*

4

La théorie classique des perturbations et les perturbations singulières

On commence par introduire les notations de Landau et la définition de développement asymptotique.

Définition 40. *Si ϵ est un petit paramètre et f et g sont des fonctions de ϵ, on note*

$$f(\epsilon) = O(g(\epsilon)),$$

s'il existe K tel que pour ϵ suffisamment petit,

$$\mid f \mid / \mid g \mid < K.$$

On note

$$f(\epsilon) = o(g(\epsilon)),$$

si de plus on a

$$\lim_{\epsilon \to 0} \frac{f(\epsilon)}{g(\epsilon)} = 0.$$

Définition 41. *Une fonction $F(\epsilon)$ possède un développement asymptotique $\sum_{n=0}^{\infty} a_n f_n(\epsilon)$ si pour tout N,*

$$F(\epsilon) = \sum_0^N a_n f_n(\epsilon) + o(f_N(\epsilon)).$$

Enfin, il sera commode dans les démonstrations de noter $\operatorname{grad} f$ le champ de vecteurs gradient d'une fonction f dont les composantes sont les dérivées partielles $\frac{\partial f}{\partial x_i}$. Ce champ de vecteurs n'est pas défini de façon intrinsèque et il correspond à la différentielle de f dans l'identification de l'espace tangent avec l'espace cotangent de R^n donnée par la métrique canonique de R^n. Le produit scalaire sur R^n est noté $<,>$.

La première démonstration de la validité asymptotique de la moyennisation dans le cas périodique est dûe à Fatou [Fatou, 1928]. La démonstration moderne basée sur le théorème 2 est dûe à M. Roseau, [Roseau,1966]. Une étape importante a été franchie ensuite par Krylov et Bogoliubov, [Krylov-Bogoliubov, 1937] qui ont traité le cas quasi-périodique. L'énoncé le plus général a été ensuite obtenu par Bogoliubov pour l'équation

$$\dot{x} = \epsilon f(x, t, \epsilon),$$

sous la seule hypothèse que la limite

$$\lim_{T \to \infty} \int_0^T f(x, t, \epsilon) dt$$

existe. On a préféré présenter le résultat de Bogoliubov sous la forme d'un théorème de conjugaison de dynamiques sur le tore. Le livre [Bogoliubov-Mitropolski, 1961] a joué un rôle important par ses nombreux exemples et sa discussion élaborée de la théorie. Il contient en particulier la théorie de Mitropolski pour les systèmes dont les coefficients varient lentement en fonction du temps.

4.1 Un théorème de moyennisation de Fatou

On considère un problème de Cauchy perturbatif :

$$\dot{x} = f(t, x) + \epsilon g(t, x, \epsilon), \quad x(0) = x_0.$$

On suppose que le système non perturbé est intégrable. Soit $y(t, x_0)$ la solution du problème de Cauchy non perturbé (pour $\epsilon = 0$) qui vaut x_0 à l'instant initial $t = 0$ (notez bien que x_0 est aussi la donnée initiale du système perturbé). On considère le changement de variable :

$$x \mapsto z, x = y(t, z).$$

Pour la nouvelle coordonnée z, on obtient l'équation :

$$\frac{\partial y}{\partial t} + \frac{\partial y}{\partial z}\frac{dz}{dt} = f(t, y) + \epsilon g(t, y; \epsilon).$$

Si on suppose que $\frac{\partial y}{\partial z}$ est inversible, on obtient pour la variable z une équation différentielle sous "forme standard" (terminologie utilisée pour signifier que le paramètre ϵ factorise le second membre de l'équation) :

$$\frac{dz}{dt} = \epsilon(\frac{\partial y(t, z)}{\partial z})^{-1} g(t, y(t, z); \epsilon) = \epsilon F(t, x; \epsilon).$$

On va considérer dans ce paragraphe le premier énoncé basique de la théorie de la moyennisation. On considére la solution du problème de Cauchy de l'équation perturbée :

$$\frac{dx}{dt} = \epsilon F(t, x, \epsilon) = \epsilon f(t, x) + \epsilon^2 g(t, x, \epsilon), \tag{4.1}$$

$$x(t_0) = x_0.$$

On suppose que f est une fonction périodique de période T en la variable t. On introduit l'équation moyennée et le problème de Cauchy associé :

$$\frac{dy}{dt} = \epsilon f_0(y), \tag{4.2}$$

$$y(t_0) = x_0,$$

avec

$$f_0(y) = \frac{1}{T} \int_0^T f(t, y)dt.$$

On obtient alors le :

Théorème 42. *On considère les deux problèmes de Cauchy (4.1) et (4.2) et on fait les hypothèses suivantes :*

Les fonctions f, g et $\frac{\partial f}{\partial x_i}$ sont définies, continues et bornées par une constante M indépendante de ϵ sur un domaine $[t_0, +\infty) \times D$.

La fonction g est Lipschitz par rapport à x dans D.

La fonction f est périodique de période T en la variable t et cette période est indépendante de ϵ.

La solution $y(t)$ ne quitte pas l'intérieur du domaine D pendant un temps de l'ordre de $\frac{1}{\epsilon}$.

Alors la différence $x(t) - y(t)$ est de l'ordre $O(\epsilon)$ pendant un temps de l'ordre de $\frac{1}{\epsilon}$.

Preuve. On définit

$$u(t, y) = \int_{t_0}^t [f(s, y) - f_0(y)]ds,$$

et

$$z(t) = y(t) + \epsilon u(t, y(t)).$$

On obtient les estimations suivantes :

$$\| u(t, y) \| \leq 2MT,$$

$$\| x(t) - y(t) \| \leq \| x(t) - z(t) \| + 2\epsilon MT.$$

On évalue ensuite

$$\frac{dx}{dt} - \frac{dz}{dt} =$$

$$\epsilon f(t, x(t)) + \epsilon^2 g(t, x(t)) - \frac{dy}{dt} - \epsilon < \mathrm{grad} u(t, y(t)), \frac{dy}{dt} > -\epsilon \frac{\partial u(t, y(t))}{\partial t} =$$

$$\epsilon f(t, x(t)) - \epsilon f(t, z(t)) + R.$$

Les hypothèses impliquent

$$\| f_0(y) \| \leq M,$$

$$\| \mathrm{grad} u(t, y) \| \leq 2MT,$$

$$\| f(t, z(t)) - f(t, y(t)) \| \leq L \| z(t) - y(t) \| \leq 2\epsilon LMT.$$

Il existe donc une constante k telle que

$$\| R \| \leq k\epsilon^2.$$

On a donc

$$\| x(t) - z(t) \| \leq \int_{t_0}^{t} \| \frac{dx}{dt} - \frac{dz}{dt} \| dt \leq$$

$$\epsilon \int_{t_0}^{t} \| f(s, x(s)) - f(s, z(s)) \| ds + k\epsilon^2(t - t_0) \leq$$

$$\epsilon L \int_{t_0}^{t} \| x(s) - z(s) \| ds + k\epsilon^2(t - t_0).$$

On applique alors le théorème 2 et on trouve

$$\| x(t) - z(t) \| \leq \epsilon \frac{k}{L} e^{\epsilon L(t - t_0)} - \epsilon \frac{k}{L},$$

et donc

$$\| x(t) - y(t) \| \leq \epsilon [\frac{k}{L} e^{\epsilon L(t - t_0)} - \frac{k}{L} + 2MT].$$

Il s'ensuit que si $\epsilon L(t - t_0)$ est borné par une constante indépendante de ϵ, on a que $x(t) - y(t) = O(\epsilon)$ pour $\epsilon \to 0$.   □

4.2 Existence d'orbites périodiques

Via le théorème des fonctions implicites, la moyennisation à l'ordre un conduit déjà à des théorèmes d'existence d'orbites périodiques. On démontre le résultat suivant :

Théorème 43. *On considère le système*

$$\frac{dx}{dt} = \epsilon f(x, t, \epsilon),$$

où f est une fonction périodique de période T du temps, de classe C^1 sur un ouvert U contenant un point a tel que

$$F(a) = 0, \quad F(x) = \frac{1}{T} \int_0^T f(x,t,0)dt.$$

On suppose que la matrice des dérivées partielles

$$\frac{\partial F_i}{\partial x_j}(a),$$

est inversible. Alors le système possède pour ϵ suffisamment petit une orbite périodique de période T qui tend vers a lorsque ϵ tend vers 0.

Preuve. On écrit que la solution du système correspondant à la donnée initiale ξ au temps $t : x(t, \xi, \epsilon)$ est

$$x(t, \xi, \epsilon) = \xi + \epsilon \int_0^t f(x(s, \xi, \epsilon), s, \epsilon)ds.$$

L'existence d'une orbite périodique de période T s'exprime maintenant par l'équation

$$\int_0^T f(x(s, \xi, \epsilon), s, \epsilon)ds = 0.$$

Par le théorème des fonctions implicites, on sait qu'il existe une solution différentiable $\xi = \xi(\epsilon)$ qui tend vers a lorsque ϵ tend vers 0. □

4.3 L'approximation au second ordre par la méthode de moyennisation pour le cas périodique.

Dans le cas périodique, il est possible de pousser la méthode de moyennisation au delà du premier ordre si le champ de vecteurs est suffisamment différentiable. On donne quelques idées dans ce paragraphe sur le calcul au deuxième ordre (on se reportera au livre [Sanders-Verhulst, 1985] pour la démonstration).

Théorème 44. *On considère les deux problèmes de Cauchy :*

$$\dot{x} = \epsilon f(t,x) + \epsilon^2 g(t,x) + \epsilon^3 R(t,x,\epsilon), \quad x(0) = x_0$$

et

$$\dot{u} = \epsilon f_0(u) + \epsilon^2 [f_0^1(u) + g_0(u)], \quad u(0) = x_0,$$

$$g_0(u) = \frac{1}{T} \int_0^T g(t,x)dt,$$

avec

$$f^1(t,x) = <\mathrm{grad} f(t,x), u^1(t,x)> - <\mathrm{grad} u^1(t,x), f_0(x)>,$$

et

$$u^1(t,x) = \int_0^t [f(\tau,x) - f_0(x)]d\tau + a(x),$$

où $a(x)$ est différentiable de moyenne nulle. Alors on a

$$x(t) = u(t) + \epsilon u^1(t, u(t)) + O(\epsilon^2),$$

pendant un intervalle de temps de l'ordre de $\frac{1}{\epsilon}$.

4.4 La méthode de moyennisation dans le cas quasi périodique

On analyse la généralisation faite par Bogoliubov et Krylov de la moyennisation au cas quasi-périodique. Les résultats sont présentés en termes de conjugaison de dynamiques.

Définition 42. *Soit $\Omega = \Omega_1, ..., \Omega_n$ le vecteur des fréquences. On dit que le vecteur multi-entier $k \in Z^n$ est une résonance de Ω si :*

$$k\Omega = k_1\Omega_1 + ... + k_n\Omega_n = 0.$$

Le groupe abélien des résonances de Ω est le groupe libre engendré par les résonances de Ω. On désigne par $s \leq n - 1$, le rang de ce groupe libre. Si $s = n - 1$, le vecteur Ω est proportionnel à une vecteur multi-entier. On dit que K est une matrice résonnante pour Ω si ses colonnes forment un système de générateurs du groupe des résonances. Donc pour tout vecteur k qui est une résonance de Ω, il existe un vecteur colonne $a \in Z^s$ tel que : $k = aK$.

Théorème 45. *On considère un système différentiel sur le tore T^n :*

$$\dot{\phi} = \epsilon g(\phi, t, \epsilon), \tag{4.3}$$

et on suppose que la moyenne de g

$$\overline{g}(\phi) = \lim_{T \to \infty} \frac{1}{T} \int_0^T g(\phi, t, 0)dt,$$

existe et définit une fonction C^∞ sur le tore. Il existe un changement de variable

$$\phi = \psi + \epsilon h(\psi, t),$$

avec

$$h(\psi, t) = \int_0^t [g(\psi, s, 0) - \overline{g}(\psi)]ds,$$

qui envoie la solution de (4.3) sur la solution de :

$$\dot{\psi} = \epsilon\overline{g}(\psi) + O(\epsilon^2). \tag{4.4}$$

Preuve. Si on substitue ϕ à ψ dans (4.3), il vient :

$$(I + \epsilon D_\psi h(\psi, t))\dot{\psi} + \epsilon \frac{\partial h(\psi, t)}{\partial t} = \epsilon g(\psi, t, 0) + O(\epsilon^2),$$

et puisque

$$(I + \epsilon D_\psi h(\psi, t))^{-1} = I - \epsilon D_\psi h(\psi, t) + O(\epsilon^2),$$

on a :

$$\dot{\psi} = \epsilon g(\psi, t, 0) - \epsilon \frac{\partial h(\psi, t)}{\partial t} + O(\epsilon^2),$$

et le résultat annoncé en découle puisque

$$\frac{\partial h(\psi, t)}{\partial t} = g(\psi, t, 0) - \overline{g}(\psi).$$

$\square$

Théorème 46. *Soit g une fonction indéfiniment différentiable sur le tore T^n. Soit $Q(\phi)$ la quantité définie par*

$$Q(\phi) = \lim_{T \to \infty} \frac{1}{T} \int_0^T g(\Omega t + \phi) dt,$$

où Ω est le vecteur des fréquences.

Si Ω n'a aucune résonance, alors

$$Q(\phi) = a_0,$$

où a_0 est le premier coefficient de Fourier de la série de Fourier de g.

Si Ω admet des résonances, et si K désigne la matrice de résonances associée, il existe une fonction P de classe C^∞ sur le tore $T^s = K.T^n$ telle que

$$Q(\phi) = P(K.\phi).$$

Preuve. Une fonction indéfiniment différentiable sur le tore T^n peut être représentée comme la somme d'une série de Fourier absolument uniformément convergente :

$$g(\theta) = \sum_{k \in Z^n} a_k \exp(-ik\theta).$$

Puisque la série de Fourier d'une fonction indéfiniment différentiable converge absolument et uniformément, on peut échanger l'intégration et la sommation

$$\frac{1}{T} \int_0^T \Sigma_{-\infty}^{+\infty} a_k e^{rmik(\Omega t + \phi)} dt =$$

$$\Sigma_{-\infty}^{+\infty} a_k e^{ik\phi} \frac{1}{T} \int_0^T e^{ik\Omega t} dt.$$

On a maintenant :

$$\frac{1}{T}\int_0^T e^{ik\Omega t}dt = \frac{e^{ik\Omega T} - 1}{ik\Omega T}$$

si $k\Omega \neq 0$, et

$$\frac{1}{T}\int_0^T e^{ik\Omega t}dt = 1,$$

si $k\Omega = 0$. Il s'ensuit

$$Q(\phi) = \Sigma_{k=-\infty,k\Omega=0}^{k=+\infty}a_k e^{ik\phi} + \lim_{T\to\infty}\Sigma_{k=-\infty,k\Omega\neq0}^{+\infty}a_k e^{ik\phi}\frac{e^{ik\Omega T} - 1}{ik\Omega T}.$$

On a en fait

$$\lim_{T\to\infty}\Sigma_{k=-\infty,k\Omega\neq0}^{+\infty}a_k e^{ik\phi}\frac{e^{ik\Omega T} - 1}{ik\Omega T} = 0.$$

En effet, la quantité $\mid k\Omega \mid$ peut devenir arbitrairement petite (petit diviseur) mais le numérateur devient alors aussi tout petit. On a en fait

$$\mid \frac{e^{ik\Omega T} - 1}{ik\Omega T} \mid \leq 1,$$

pour tout $k\Omega T \neq 0$. On a donc

$$\Sigma_{k=-\infty,k\Omega\neq0}^{+\infty} \mid a_k e^{ik\phi}\frac{e^{ik\Omega T} - 1}{ik\Omega T} \mid \leq \Sigma_{k=-\infty,k\Omega\neq0}^{+\infty} \mid a_k \mid.$$

La série au premier membre converge donc absolument et on peut intervertir le passage à la limite $T \to \infty$ et la sommation. Comme on a pour tout k fixé

$$\lim_{T\to\infty}\frac{e^{ik\Omega T} - 1}{ik\Omega T} = 0,$$

il vient

$$Q(\phi) = \Sigma_{k=-\infty,k\Omega=0}^{k=+\infty}a_k e^{ik\phi}.$$

Si le vecteur des fréquences est non résonnant, le seul vecteur entier k tel que $k\Omega = 0$ est le vecteur nul et on obtient

$$Q(\phi) = a_0,$$

ce qui est la première partie du théorème. Si on suppose maintenant que Ω est résonnant, les vecteurs résonnants sont combinaisons des colonnes de la matrice résonnante K. Pour les k tels que $k\Omega = 0$, il existe donc un m tel que $k = mK$. On écrit $\xi = K\phi$ et

$$P(\xi) = \Sigma_{m=-\infty}^{+\infty}b_m e^{im\xi},$$

où $b_m = a_m K$. Ce qui démontre le théorème. $\square$

La première partie donne le théorème ergodique pour un flot linéaire sur le tore. Dans le cas où il n'y a pas de résonances, le flot est ergodique sur le tore et la moyenne temporelle est égale à la moyenne spatiale

$$Q(\phi) = \lim_{T \to \infty} \int_0^T g(\Omega T + \phi)dt = \frac{1}{(2\pi)^n} \int_0^{2\pi} ... \int_0^{2\pi} g(\theta)d\theta.$$

On peut revenir à ce point sur les théorèmes de conjugaison de dynamiques locales du chapitre 2. Le contexte est différent puisqu'ici on s'occupe de dynamiques globales sur le tore. Toutefois, on retrouve le phénomène des résonances aussi dans la situation locale [Francoise, 1995]. A la suite du théorème 19, on peut mentionner que les conditions supplémentaires pour aboutir à des théorèmes de conjugaison en classe C^∞ consistent à imposer l'absence de résonances [Sternberg, 1957].

4.5 Développements asymptotiques et solutions périodiques

On considère un champ de vecteurs

$$\dot{x} = f(x) + \epsilon g(x), \tag{4.5}$$

et on suppose que pour $\epsilon = 0$, le système a une solution $x_0(t)$ (ou une famille de solutions périodiques) périodique de période $T = 1$. On cherche si le système perturbé a une solution donnée par un développement asymptotique

$$x = x_0(t) + \epsilon x_1(t) + ... + \epsilon^k x_k(t) + ... \tag{4.6}$$

La méthode consiste à porter l'expression (4.6) dans (4.5) et à identifier tous les termes qui factorisent par la même puissance de ϵ. On considère d'abord l'exemple suivant qui est écrit plus convenablement pour le calcul sous la forme d'une équation du second ordre :

$$\ddot{u} + 2\epsilon\dot{u} + u = 0.$$

On trouve comme début de développement :

$$ae^{it} + \overline{a}e^{-it} - \epsilon t(ae^{it} + \overline{a}e^{-it}) + ...$$

Le second terme est non borné (terme séculaire). Il ne peut donc produire un développement asymptotique uniforme sur $t \in [0, +\infty]$. Cet exemple illustre un fait général. La présence de ces termes non bornés dans le développement, qui sont qualifiés de séculaires en raison de leur première application à la mécanique céleste, pose un problème. L'exemple précédent est linéaire donc il peut s'intégrer explicitement et on trouve qu'il n'y a aucune solution périodique :

$$u(t, \epsilon) = e^{-\epsilon t}[a\exp(i\sqrt{1 - \epsilon^2}t) + \overline{a}\exp(-i\sqrt{1 - \epsilon^2}t)].$$

On peut prendre maintenant un deuxième exemple où on sait qu'il y a une solution périodique comme l'oscillateur de van der Pol

$$\ddot{u} - \epsilon\dot{u}(1 - u^2) + u = 0.$$

Si on cherche un développement asymptotique comme ci-dessus, on retrouve le problème des termes séculaires mais ici on sait qu'il existe une solution périodique de période $T_\epsilon \neq 1$. On peut donc essayer (méthode de Lindstedt) de faire aussi en même temps un développement asymptotique de la fréquence

$$\omega = 2\pi + \epsilon\omega_1 + ...\epsilon^k\omega_k + ...$$

Le choix de ces coefficients ω_k étant dicté à chaque ordre de façon à éliminer les termes séculaires. On peut démontrer dans certains cas l'existence d'un développement asymptotique uniforme pour $t \in [0, +\infty]$ qui permet d'obtenir une solution périodique. On peut par exemple le faire dans les cas de perturbations de l'oscillateur harmonique et de l'oscillateur de van der Pol.

Le problème suivant est d'obtenir des développements asymptotiques aussi pour les solutions qui spiralent autour du cycle limite. C'est pour cette raison qu'on utilise la méthode multi-échelle.

4.6 L'approche à deux échelles de temps

On considère un système différentiel sous forme standard

$$\dot{x} = \epsilon f(x, t, \epsilon),$$

avec un second membre f qui est périodique en t. On introduit alors deux échelles de temps indépendantes : $t, \tau = \epsilon t$ et on écrit que la solution a un développement

$$x = \Sigma_{n=0}^N \epsilon^n x_n(t, \tau).$$

On traite les deux variables t, τ comme des variables indépendantes et on écrit la dérivation par rapport au temps initial t comme la somme des deux dérivées partielles par rapport à t et par rapport à τ

$$\frac{d}{dt} = \frac{\partial}{\partial t} + \epsilon\frac{\partial}{\partial \tau}.$$

On porte alors le développement dans l'équation

$$\frac{\partial x_0}{\partial t} + \epsilon\frac{\partial x_0}{\partial \tau} + \epsilon\frac{\partial x_1}{\partial t} + ... = \epsilon f(t, x_0 + \epsilon x_1 + ...) =$$

$$f(t, x_0) + \epsilon < \text{grad}f(t, x_0), x_1 > +...$$

Si on compare terme à terme, on obtient

$$\frac{\partial x_0}{\partial t} = 0,$$

$$\frac{\partial x_1}{\partial t} = -\frac{\partial x_0}{\partial \tau} + f(t, x_0),$$

$$\frac{\partial x_2}{\partial t} = -\frac{\partial x_1}{\partial \tau} + <\operatorname{grad} f(t, x_0), x_1>,$$

...

Ces équations peuvent être intégrées de proche en proche. L'intégration de la première équation donne

$$x_0 = A(\tau), \quad A(0) = x_0,$$

où la fonction A est pour l'instant indéterminée. L'intégration de la seconde équation conduit à

$$x_1 = \int_0^t [-\frac{dA}{d\tau} + f(s, A(\sigma))]ds + B(\tau), \quad B(0) = 0,$$

$$(\sigma = \epsilon s).$$

Comme il faut éviter que les termes du développement deviennent infinis avec le temps, on impose la condition séculaire

$$\int_0^T [-\frac{dA}{d\tau} + f(s, A(\sigma))]ds = 0,$$

$B(\tau)$ bornée. On tire alors de cette condition

$$\frac{dA}{d\tau} = \frac{1}{T} \int_0^T f(s, A)ds, \quad A(0) = x_0.$$

Le premier terme coincide avec celui donné par la méthode de moyennisation. On procède alors de même avec le second terme et pour cela on pose

$$x_1 = u_1(t, A(\tau)) + B(\tau),$$

avec

$$u_1(t, A(\tau)) = \int_0^t [-\frac{dA}{d\tau} + f(s, A(\sigma))]ds.$$

On trouve

$$x_2 = \int_0^t [-\frac{\partial u_1}{\partial \tau} - \frac{\partial D}{\partial \tau} + \operatorname{grad} f(t, A).u_1(t, A) + \operatorname{grad} f(t, A).B]dt + C(\tau),$$

avec $C(0) = 0$. On impose à nouveau une condition de sécularité

$$\int_0^T [-\frac{\partial u_1}{\partial \tau} - \frac{\partial B}{\partial \tau} + < \mathrm{grad} f(t, A), u_1(t, A) > + < \mathrm{grad} f(t, A), B >]dt = 0,$$

ce qui est équivalent à

$$\frac{dB}{d\tau} = \mathrm{grad} f_0(A).B(\tau) = \frac{1}{T} \int_0^T [-\frac{\partial u_1}{\partial \tau} + < \mathrm{grad} f(t, A), u_1(t, A) >]dt,$$

$$B(0) = 0,$$

où $f_0(A)$ désigne la moyenne de $f(t, A)$. Cette équation détermine la fonction $B(\tau)$ comme solution d'une équation linéaire inhomogène à coefficients variables.

L'expression obtenue au deuxième ordre n'est pas exactement la même que celle obtenue ci-dessus par la méthode de moyennisation. Mais si f satisfait des conditions de régularité raisonnable (voir [Sanders-Verhulst, 1985]), on peut montrer que les deux termes sont asymptotiquement les mêmes au sens suivant

$$x(t) = A(\tau) + \epsilon x_1(t, A(\tau)) + O(\epsilon^2),$$

sur une échelle de temps de $\frac{1}{\epsilon}$. On ne donne pas la démonstration qui est faite par exemple dans le livre [Sanders-Verhulst, 1985]. On admet aussi que ceci est vrai à tous les ordres (voir [Perko, 1969]). L'approche multi-échelle a donné lieu à de multiples développements dans les équations différentielles puis dans les équations d'évolution (voir par exemple les travaux de [Calogero, 1990], [Calogero-Eckhaus, 1987], [Calogero-Eckhaus, 1988]).

4.7 La découverte des oscillations de relaxation

Une part importante de la physiologie est fondée sur un bilan de charges électriques en présence. Ceci explique en particulier que parmi les principales contributions à la physiologie moderne figurent celles de spécialistes des sciences de l'ingénieur. L'article précurseur [Van der Pol, 1926], est un exemple historique particulièrement intéressant d'un point de vue pédagogique (voir aussi les articles liés [Van der Pol, 1931], [Van der Pol, Van der Mark, 1927,1928]).

Van der Pol considère un circuit électrique formé d'une impédance, d'une capacité et d'une triode montées en série. On obtient ainsi l'équation

$$L\frac{d^2v}{dt^2} + R(v)\frac{dv}{dt} + \frac{v}{C} = 0.$$

Van der Pol suppose (ce qui est naturel) que la résistance de la triode est une fonction paire du potentiel. Dans une première approximation, on peut supposer que c'est une fonction quadratique du potentiel. La forme normale de cette équation est donc

$$x'' - A(1 - x^2)x' + x = 0.$$

Dans le cas où A est petit, Van der Pol observe que la solution périodique, atteinte au bout d'un grand nombre d'oscillations, est très voisine d'une sinusoide. Dans le cas où A est grand, au contraire, la solution périodique est atteinte très rapidement mais elle est très éloignée d'une sinusoide. Il donne aux oscillations qui correspondent au cycle limite (dans le cas où A est grand) le nom d'oscillations de relaxation.

A la limite où le paramètre A dans l'équation

$$x'' - A(1 - x^2)x' + x = 0,$$

est grand, on peut considérer le système plan associé

$$x' = y$$

$$y' = A(1 - x^2)y - x,$$

et changer de variable (transformation de Liénard) en posant

$$y = -Y + A(x - \frac{1}{3}x^3),$$

pour obtenir

$$\frac{1}{A}x' = -\frac{1}{A}Y + (x - \frac{1}{3}x^3),$$

$$Y' = x.$$

On change alors Y en $A.Y$, le temps t en $A.t$, puis on pose : $\epsilon = \frac{1}{A^2}$. On présente alors le système comme une dynamique lente-rapide

$$\epsilon x' = -Y + F(x),$$

$$Y' = x.$$

La dynamique portant sur la variable x est qualifiée de rapide. La cubique $Y = F(x) = x - \frac{1}{3}x^3$ est une variété invariante de la dynamique rapide formée de la réunion des points singuliers. Les points critiques de la fonction F sont donnés par $x = -1$ (qui correspond à un minimum local de la cubique et $x = +1$ qui correspond à un maximum local. Pour analyser le flot en première approximation on change à nouveau le temps t en t/ϵ et on obtient

$$x' = -Y + F(x)$$

$$Y' = \epsilon x.$$

En première approximation, en dehors de la cubique $Y - F(x) = 0$ le flot est donné par

$$x' = -Y + F(x)$$

$$Y' = 0.$$

Donc les orbites sont des droites parallèles à l'axe des x et qui sont telles que x croît si $Y < F(x)$ et décroît si $Y > F(x)$. On obtient ainsi que le flot s'écarte de la branche de $Y = F(x)$ pour $-1 < x < 1$ qui correspond à des points singuliers instables de la dynamique rapide. Cette partie de la variété invariante est qualifiée d'instable. On obtient de même que le flot se rapproche des deux autres branches de la cubique (qui sont qualifiées de stables). Si on revient à la dynamique complète, on doit considérer la variété invariante lente $x = 0$. On peut comprendre les oscillations du système comme le résultat d'une hystérèse. A droite de la variété invariante lente, y croît (l'orbite étant très vite attirée par la branche stable de la cubique). On finit par arriver au maximum local de F. A ce point, la cubique devient instable et le système saute sur la branche stable de la cubique. Se faisant, il traverse $x = 0$ et donc y décroît le long de la branche stable jusqu'à arriver au minimum local. La perte de stabilité de la branche oblige l'orbite à sauter sur la branche stable de droite et le cycle recommence.

Il faut prendre garde au fait suivant. Cette analyse un peu rapide de la limite de la dynamique lorsque $\epsilon \to 0$ ne démontre absolument pas l'existence d'une orbite périodique stable lorsque le paramètre ϵ est petit. Dans le cas du système de van der Pol, une analyse classique basée sur le théorème de Poincaré-Bendixson permet de démontrer l'existence et la stabilité de ce cycle limite. On ne donne pas ici la démonstration qu'on trouvera par exemple dans le livre de Lefschetz, [Lefschetz, 1957].

4.8 L'excitabilité d'un attracteur, le système de FitzHugh-Nagumo

On considère ici le système de FitzHugh-Nagumo :

$$\epsilon \dot{x} = -y + 4x - x^3 + I, \tag{4.7}$$

$$\dot{y} = b_0 x + b_1 y - c. \tag{4.8}$$

On choisit d'abord $I = 0$, $b_0 = 1, b_1 = 0$ et $c = c_0 = -2/\sqrt{3}$. La cubique $y = f(x) = -x^3 - 4x$ a un minimum local pour $x = c_0$ et un maximum local pour $x = -c_0$. Le système différentiel (4.7-8) a un unique point singulier $(x_0, y_0) = (c_0, f(c_0))$. Si on modifie légérement la deuxième équation et on considère

$$\epsilon \dot{x} = -y + f(x), \tag{4.9}$$

$$\dot{y} = x - \Delta - c_0, \tag{4.10}$$

avec Δ petit, le système (4.9-10) a toujours un unique point singulier (x_1, y_1). La linéarisation du champ de vecteurs (4.9-10) au voisinage de ce point montre que le point singulier est un foyer attractif si $\Delta < 0$ et répulsif si $\Delta > 0$. Il y a donc un changement de stabilité si $\Delta = 0$.

On poursuit l'analyse avec ϵ petit et $\Delta < 0$. On prend d'abord une donnée initiale (x_0, y_0) proche de (x_1, y_1) avec une valeur de y_1 au dessus du "seuil" $y_0 : y_1 > y_0$. Dans ce cas l'orbite va très rapidement à la position d'équilibre. On prend ensuite une donnée initiale (x_0, y_0) proche de (x_1, y_1) avec une valeur de y_1 en dessous du "seuil" $y_0 : y_1 < y_0$. Dans ce cas, la première composante du champ de vecteurs est alors très grande et la deuxième composante peut être considérée comme nulle en première approximation. Ceci conduit au fait que l'orbite est très proche d'un segment de droite parallèle à $y = 0$ parcouru à très grande vitesse. Cette dynamique persiste jusqu'à ce que l'orbite percute la cubique $f(x, y) = 0$. Sur cette cubique, la dynamique lente devient prépondérante et fait lentement remonter le long de la branche stable $y = V_+(x)$. Arrivée au point singulier, la dynamique lente s'annule et la dynamique rapide reprend le dessus et ramène brutalement en sens contraire suivant un segment à nouveau parallèle à l'axe $y = 0$ jusqu'à percuter à nouveau la cubique. Une fois sur la cubique, la dynamique lente ramène doucement vers le point singulier. L'orbite a donc réalisé une grande incursion dans le portrait de phase avant de revenir au point singulier stable. Ce type de comportement est fondamental en physiologie et s'appelle l'excitabilité du point singulier stable. Entre les deux familles de trajectoires, il existe une bande étroite de données initiales pour lesquelles l'orbite colle longtemps à la cubique. Ce phénomène (les canards) a été découvert aux moyens de techniques d'analyse non standard (cf. [Diener, 1984]).

D'une certaine façon, la grande incursion qui se fait en dessous d'un seuil (ou au dessus si on change le signe d'une des variables) est la trace de l'existence d'un cycle limite attractif qui apparaît pour d'autres valeurs des paramètres et qui est analogue à celui décrit pour le système de Van der Pol.

4.9 L'approche générale des dynamiques lentes-rapides, les variétés lentes

Définition 43. *Une dynamique lente-rapide est un champ de vecteurs différentiable défini sur un ouvert U de $R^n = R^m \bigoplus R^k$ de la forme :*

$$\epsilon \dot{x} = f(x, y) \qquad (4.11)$$
$$\dot{y} = g(x, y), \qquad (4.12)$$

$$(x, y) \subset R^m \bigodot R^k.$$

Les variables $x \in R^m$ sont appelées les variables rapides, les variables y sont les variables lentes. Les équations (4.11) constituent la dynamique rapide et les équations (4.12) la dynamique lente. Le paramètre ϵ qui mesure le rapport entre les deux échelles de temps des variables x et y est supposé petit.

Etant donnée une dynamique lente-rapide (4.11 − 12), on peut changer le temps t en ϵt et obtenir un système équivalent (défini sur une autre échelle de temps)

$$\dot{x} = f(x, y) \tag{4.13}$$
$$\dot{y} = \epsilon g(x, y). \tag{4.14}$$

On s'intéresse à la limite $\epsilon \to 0$. Le système (4.11 − 12) a pour limite un système différentiel avec contrainte :

$$\dot{y} = g(x, y), f(x, y) = 0, \tag{4.15}$$

dont les trajectoires évoluent lentement. Le système (4.13 − 14) a pour limite :

$$\dot{x} = f(x, y), \dot{y} = 0. \tag{4.16}$$

Ces équations définissent ce qui est appelé le système "couche-limite" ou le sous-système rapide.

Définition 44. *Pour l'un ou l'autre des systèmes* (4.11 − 12) *ou* (4.13 − 14), *l'ensemble défini par les équations* $f(x, y) = 0$ *est appelé la variété critique.*

Dans la suite, on suppose que cet ensemble est une variété.

Définition 45. *Une famille de solutions de* (4.11 − 12) *qui tendent vers une solution de* (4.15) *quand* $\epsilon \to 0$ *est appelée une trajectoire lente. Les trajectoires de* (4.11 − 12) *qui n'appartiennent pas à une région de l'espace où f est de l'ordre de ϵ sont dites rapides. Les courbes continues formées de l'union de trajectoires lentes et de trajectoires de l'équation couche-limite* (4.16) *sont appelées des orbites limites. Les points où une partie lente se termine et où commence une partie rapide sont appelés les points de décrochage et les points où une partie rapide s'achève et où commence une portion lente sont appelés les points d'accrochage.*

Définition 46. *Les oscillations de relaxation sont des orbites périodiques du système* (4.11 − 12) *qui existent pour tout ϵ suffisamment petit et qui tendent, quand $\epsilon \to 0$ vers une orbite limite qui comprend à la fois des portions lentes et des portions rapides.*

On dit dans ce cas que l'orbite limite est un ensemble limite-périodique [Françoise-Pugh, 1985].

Une des techniques importantes pour analyser les oscillations de relaxation est le théorème 29 de persistance des variétés invariantes normalement hyperboliques. On en donne une deuxième version, particulièrement adaptée aux dynamiques lentes-rapides, due à Fenichel [Fenichel, 1971].

Théorème 47. *Soit C_0 une variété compacte, normalement hyperbolique, avec bord, contenue dans la variété critique de $(4.11 - 12)$. Il existe une famille continue C_ϵ de variétés invariantes à bord de classe C^r pour le système $(4.11 - 12)$ qui sont définies pour ϵ suffisamment petit.*

On appelle C_ϵ une variété lente du système $(4.11 - 12)$.

L'invariance d'une variété à bord signifie ici que si une orbite intersecte C_ϵ, elle rentre et elle sort forcément par le bord. Le flot sur C_ϵ est lent et bien approché par le flot de (4.15).

On discute un exemple.

On considère

$$\epsilon\frac{dx}{dt} = y - x$$

$$\frac{dy}{dt} = 1.$$

Ce système s'intègre immédiatement en

$$x(t) = y(0) + t - \epsilon + [x(0) - y(0) + \epsilon]\exp(-\frac{t}{\epsilon}),$$

$$x(t) = y(0) + t.$$

On vérifie alors directement que la variété

$$y = x + \epsilon$$

est invariante par le système. Les autres trajectoires tendent asymptotiquement vers cette solution. Avec cet exemple, on illustre le fait général suivant. La variété lente ne coincide pas en général avec la variété critique mais elle en reste à une distance de l'ordre de ϵ.

On a en fait plus que l'invariance : il est possible de décrire le flot au voisinage de la variété invariante (cf. Théorème 31).

Théorème 48. *(Takens)*

Soit P un point de la variété critique, supposée normalement hyperbolique, qui n'est pas un point singulier de la dynamique lente (4.15). Pour tout entier r et pour tout réel ϵ suffisamment petit, il existe un voisinage de P dans R^n et un changement de coordonnées de classe C^r défini sur ce voisinage qui conjugue le champ de vecteurs $(4.11-12)$ à un champ de vecteurs de la forme

$$\epsilon\frac{dx}{dt} = a(y, \epsilon).x \quad \frac{dy}{dt} = 1. \tag{4.17}$$

On obtient ainsi un bon contrôle du système le long des variétés lentes jusqu'aux points de décrochage et d'accrochage.

4.10 Le théorème de Tikhonov

On va complétement démontrer un théorème qui souvent suffit à décrire la situation le long de la variété critique dans le cas où elle est transversalement attractive.

On considère une dynamique lente-rapide :

$$\epsilon \dot{x} = f(x, y) \tag{4.18}$$

$$\dot{y} = g(x, y), \tag{4.19}$$

avec $x \in R^m$, $y \in R^k$, définie (et indéfiniment différentiable) sur un ouvert de R^n, $n = m + k$. On suppose qu'il existe une application différentiable ϕ définie sur un ouvert D de R^m telle que $f(x, y, 0) = 0$ soit équivalent à $x = \phi(y)$. On suppose que la variété critique est attractive. Ceci s'exprime par le fait que la matrice

$$f_x(\phi(y), y, 0), \quad y \in D,$$

a toutes ses valeurs propres de partie réelle strictement négative. On considère la dynamique rapide :

$$\dot{x} = f(x, y), \tag{4.20}$$

$$\dot{y} = 0. \tag{4.21}$$

On pose

$$z = x - \phi(y). \tag{4.22}$$

La linéarisation du système rapide (4.20) au voisinage de son attracteur conduit à l'équation :

$$\dot{z} = f_x(y).z \tag{4.23}$$

D'après la proposition 2, il existe pour tout $y \in D$, une forme quadratique $W_y(z)$ qui est une fonction de Lyapunov de la dynamique rapide (4.20). En fait, étant donné $y_0 \in D$, il existe un voisinage ouvert U_{y_0} de $y_0 \in D$, un voisinage V_{y_0} de 0 dans R^m et une constante α telle que pour tout $(y, z) \in U_{y_0} \times V_{y_0}$

$$\frac{d}{dt} W_y(z) < -\alpha W_y(z).$$

Définition 47. *Soit G un ouvert de D, le bassin d'attraction de G est l'ensemble $U(G)$ des $(x_0, y_0) \in R^m \times D$ tels que la solution du système rapide (4.20) avec donnée initiale (x_0, y_0) tends vers $x = \phi(y)$ lorsque $t \to \infty$.*

Lemme 6. *Soit $\overline{G}$ un compact de D. Il existe une fonction $W(y,z)$ définie sur $D \times R^m$ qui est une forme quadratique en z et dépend différentiablement de la variable y*

$$W(y,z) = \sum_{i,j} W_{ij}(y)z_i z_j,$$

et des constantes C_1, C_2, M telles que pour tout $(y,z) \in \overline{G} \times R^m$:

$$C_1 \mid z \mid^2 < W(y,z) < C_2 \mid z \mid^2,$$

$$\mid \frac{\partial w_{ij}(y)}{\partial y_k} \mid < M.$$

Etant donné de plus un voisinage $\mid z \mid < k_0$ de la variété $x = \phi(y)$, $y \in \overline{G}$, il existe une constante α telle que si (x,y) appartient à ce voisinage,

$$\frac{d}{dt}W(y,z) < -\alpha W(y,z).$$

Preuve. Les voisinages U_{y_0} définissent un recouvrement de $\overline{G}$. On prend une partition de l'unité différentiable ϕ_j subordonnée à ce recouvrement et la fonction :

$$W(y,z) = \sum_j W_{y_j}(z)\phi_j(y).$$

$\square$

Lemme 7. *Pour n'importe quel compact $\overline{G}$ de D, il existe $\omega(\epsilon) = O(\epsilon^2)$ et k tel que la dérivée de $W(y,z)$ le long du flot de (4.20) vérifie :*

$$\frac{dW(y,z)}{dt} < -\frac{\alpha}{3}W(y,z)$$

dans

$$W(y,z) = c, \quad \omega(\epsilon) < c < k.$$

Preuve. Cette dérivée vaut :

$$\frac{dW(y,z)}{dt} = \frac{1}{\epsilon}\mathrm{grad}_x W.f(x,y) + \frac{1}{\epsilon}\mathrm{grad}_y W.g(x,y).$$

D'après le lemme 6, il existe k_0 tel que si $\mid z \mid < k_0$, on a l'inégalité :

$$\frac{dW(y,z)}{dt} < -\frac{\alpha}{\epsilon}W(y,z) + \frac{1}{\epsilon}\mathrm{grad}_y W.g.$$

On peut vérifier que $W(y,z)$, étant une forme quadratique définie positive satisfait une inégalité :

$$\mid \mathrm{grad}_z W \mid \leq M\sqrt{W}.$$

Il s'ensuit qu'il existe deux constantes M_1 et M_2 telles que

$$| \operatorname{grad}_y W.g | \leq M_1 \sqrt{W} + M_2 W.$$

Soit k tel que $W < k$ implique $| z | < k_0$. On a donc que si $W < k$,

$$\frac{dW(y,z)}{dt} \leq -\frac{1}{\epsilon} \sqrt{W} [\alpha \sqrt{W} - \epsilon M_1 \sqrt{W} - \epsilon M_2].$$

Si on choisit,

$$\frac{\alpha}{3} \sqrt{W} > \epsilon M_2,$$

c'est à dire

$$W \geq \omega(\epsilon) = (\frac{3M_2}{\alpha})^2 \epsilon^2,$$

et

$$\epsilon < \frac{2\alpha}{\alpha + 3M_1},$$

on obtient

$$\frac{dW(y,z)}{dt} < -\frac{\alpha}{3} W(y,z)$$

dans

$$W(y,z) = c, \quad \omega(\epsilon) < c < k.$$

$\square$

Lemme 8. *La solution du système lent-rapide met un temps de l'ordre de* $\epsilon \ln(\epsilon)$ *pour aller de la variété* $W = k$ *à la variété* $W = \omega(\epsilon)$.

Preuve. En effet, ce temps est, d'après le lemme 7 inférieur à la solution t de l'équation

$$k \exp(-\frac{\alpha}{3\epsilon} t) = \omega(\epsilon).$$

$\square$

Lemme 9. *Soit* $(x_0, y_0) \in U(D)$. *On peut choisir un voisinage* U *de* (x_0, y_0) *et un nombre* ϵ_0 *tels que toute solution du système lent-rapide (4.20) avec donnée initiale* $(x_0', y_0') \in U$, *et pour tout* $\epsilon < \epsilon_0$, *entre dans l'intérieur de l'ensemble défini par* $W = c, \quad c < k$ *en un temps de l'ordre de* ϵ.

Preuve. On change le temps t en le temps $\tau = \epsilon t$ dans l'équation (4.20). On obtient le nouveau système

$$\frac{dx}{d\tau} = f(x, y) \tag{4.24}$$

$$\frac{dy}{d\tau} = \epsilon g(x, y), \tag{4.25}$$

à comparer avec (4.20). On note

$$(x(x_0', y_0', \tau, \epsilon), y(x_0', y_0', \tau, \epsilon)),$$

la solution de (4.20) à l'instant τ avec donnée initiale (x_0', y_0'). Le théorème 4 implique que pour (τ_0, δ) fixés, il existe U, ϵ_0 tels que si $(x_0', y_0') \in U$, $\epsilon < \epsilon_0$,

$$\mid x(x_0', y_0', \tau, \epsilon) - x(x_0', y_0', \tau, 0) \mid < \delta,$$

$$\mid y(x_0', y_0', \tau, \epsilon) - y_0 \mid < \delta.$$

Si τ_0 et δ sont tels que $x(x_0', y_0', \tau, 0)$ est à l'intérieur de $W \leq c$, à une distance supérieure à δ du bord, alors la solution de (4.20) entre dans $W = c$ pour un temps $\tau_1 < \tau_0$ et donc un temps $t = \epsilon\tau_1$. □

Théorème 49. *Théorème de Tikhonoff*

Soit (x_0, y_0) un point de $U(D)$. Soit $t_1 > 0$, tel que la solution $y(y_0, t)$ de la dynamique lente

$$\dot{y} = g(\phi(y), y),$$

de donnée initiale y_0, ne quitte pas D pour toute valeur $t \in [0, t_1]$. Pour tout δ, il existe un voisinage U et une constante ϵ_0 tels que la coordonnée de la solution $y(x_0', y_0', \epsilon, t)$ du système lent-rapide de donnée initiale $(x_0', y_0') \in U$ satisfait

$$\mid y(x'0, y'0, t, \epsilon) - y(y_0, t) \mid < \delta,$$

pour tout $\epsilon < \epsilon_0$, $t \in [0, t_1]$.

Preuve. On sait déjà qu'en un temps de l'ordre de $\epsilon \ln(\epsilon)$, la trajectoire entre dans le domaine $W < \omega(\epsilon)$ et ne le quitte plus. En sorte que les coordonnées $(x(t, \epsilon), y(t, \epsilon))$ de la solution restent liées par

$$\mid x(t, \epsilon) - \phi(y(t, \epsilon)) \mid \leq \omega(\epsilon).$$

On ne s'occupe donc que de $y(t, \epsilon) - y(x_0', y_0', t, \epsilon)$. On note O_δ le δ-voisinage de la solution de la dynamique lente

$$y = y(y_0, t), 0 \leq t \leq t_1.$$

Pour δ suffisamment petit, on peut supposer $\overline{O}_\delta$ contenu dans D. En choisissant ϵ, $\mid x_0 - x_0' \mid$ et $\mid y_0 - y_0' \mid$ suffisamment petits,

$$\mid y_0 - y(x_0', y_0', t(\epsilon), \epsilon) \mid$$

peut être rendu aussi petit qu'on le souhaite. On considère alors la nouvelle donnée initiale

$$\overline{x}_0' = x(x_0', y_0', t(\epsilon), \epsilon),$$

$$\overline{y}_0' = y(x_0', y_0', t(\epsilon), \epsilon),$$

pour l'équation (4.20) et on note

$$\overline{x}(t, \epsilon) = x(t + t(\epsilon), \epsilon)$$

$$\overline{y}(t, \epsilon) = y(t + t(\epsilon), \epsilon),$$

sa solution. Comme $g(x, y)$ reste bornée, il existe C tel que

$$\mid \overline{y}(t, \epsilon) - y(t, \epsilon) \mid \leq C.t(\epsilon).$$

Par le théorème 4, $\overline{y}(t, \epsilon)$ reste proche de la solution de la dynamique lente

$$\dot{y} = g(\phi(y), y).$$

Comme cette solution ne quitte pas $\overline{O}_\delta$ pendant un temps t_1, il en est de même de $\overline{y}(t)$.

$\square$

4.11 Systèmes lents-rapides génériques, théorie des singularités et formes normales au voisinage des points de décrochage et d'accrochage

Le premier cas sur lequel on a quelques résultats est celui donné par la définition suivante :

Définition 48. *On dit qu'un système lent-rapide est simple si les seuls attracteurs de la dynamique rapide (4.11) sont des points singuliers.*

En particulier, si la dynamique rapide est de dimension un, le système est simple. Dans le cas où $m = 2$, par exemple, la présence éventuelle d'orbites périodiques attractives (ceci se présente souvent dans les oscillations en salves que nous verrons au chapitre 7) complique l'analyse.

Il est absolument hors de portée de traiter le cas général des systèmes simples. On va se limiter ici à dégager progressivement des hypothèses qui simplifient efficacement le problème.

Etant donné le champ de vecteurs $(4.11 - 12)$, on désigne par

$$A(x, y) = [\frac{\partial f_i(x, y)}{\partial x_j}]_{i,j=1,\ldots,m},$$

la matrice des dérivées partielles des composantes f_i par rapport aux variables rapides x_j.

Définition 49. *On désigne par $\pi : R^m \times R^k \to R^k$ la projection $\pi : (x, y) \mapsto y$. Les points singuliers de la projection $\pi \mid_C$ forment l'ensemble des points d'accrochage et de décrochage. On le note C_0 et il est défini par les équations*

$$f(x, y) = 0, \quad \text{Det}(A(x, y)) = 0.$$

Définition 50. *La variété critique C d'un système lent-rapide (4.11 − 12) est dite quasi-attractive si C est la réunion des trois ensembles :*

$C_+ = $ *l'ensemble des (x, y) de C tels que toutes les valeurs propres de $A(x, y)$ sont à partie réelle négative.*

$C_0 = $ *l'ensemble des (x, y) de C tels que toutes les valeurs propres de $A(x, y)$ sont à partie réelle négative sauf une seule valeur propre simple qui est égale à zéro.*

$C_- = $ *l'ensemble des (x, y) de C tels que toutes les valeurs propres de $A(x, y)$ sont à partie réelle négative sauf une seule qui est à partie réelle positive.*

On va maintenant décrire la forme générique de C_0 dans la cas où $k \geq 2$ (il y a au moins deux variables lentes).

Définition 51. *On dit qu'un point de C_0 est un pli si*

(i) le corang de la matrice $A(x, y)$ est égal à 1,

(ii) si on désigne par v (resp. w) le vecteur propre de $A(x, y)$ (resp $A^*(x, y)$ de valeur propre 0,

$$w.D_{xx}f(v, v) \neq 0.$$

Pour une telle singularité, on peut démontrer (de manière similaire au cas d'un champ de vecteurs (cf. théorème 34)) le théorème suivant :

Théorème 50. *Il existe au voisinage d'un point singulier de type pli un changement de coordonnées qui permet d'écrire localement au voisinage de ce point la variété critique avec des équations de la forme*

$$u_1 = u_2^2, \quad u_i = 0, i = 3, ..., m.$$

On ne démontre pas ce théorème ici mais on pourra se reporter à [Arnol'd et al., 1994] pour voir une démonstration.

Il faut bien remarquer que ce résultat ne donne rien sur la dynamique du champ de vecteurs lui-même. Pour cela, il faudrait établir des formes normales simultanées du type [Françoise, 1995] mais cela reste à discuter. On peut pour l'instant montrer le résultat suivant pour $(m = 1, k = 2)$:

Théorème 51. *Dans le cas d'un pli, et si $(m = 1, k = 2)$, il existe un changement différentiable de coordonnées, dépendant continûment de ϵ qui conjugue le champ de vecteurs au voisinage du pli à :*

$$\dot{x} = y + x^2 + O(\mu),$$

$$\dot{y} = 1 + O(\mu),$$

$$\dot{z} = x + O(\mu),$$

avec

$$x = O(\mu), y = O(\mu^2), z = O(\mu^3), t = O(\mu^2), \epsilon = O(\mu^3).$$

On ne donne pas la démonstration. On peut en trouver une dans [Arnol'd et al., 1995].

Problèmes

4.1. Les séries de Lindstedt

On commence avec l'exemple de l'équation du second ordre :

$$\ddot{u} + (1 + \epsilon^2)u = 0,$$

et on cherche la solution correspondante aux données initiales

$$u(0) = a, \quad \dot{u}(0) = 0,$$

1- Montrer que le premier terme dans la série des perturbations est non borné. On considère ensuite la classe d'exemples :

$$\ddot{u} + \lambda^2 u = \epsilon f(u, \dot{u}, \epsilon).$$

On introduit une nouvelle variable $\tau = \omega(\epsilon)t$ et une nouvelle fonction inconnue $v(\tau, \epsilon)$. On cherche une solution $u(\tau, \epsilon) = v(\omega(\epsilon)t, \epsilon)$ telle que

$$v(\tau, \epsilon) = v_0(\tau) + \epsilon v_1(\tau) + \epsilon^2 v_2(\tau) + ...$$

$$\omega(\epsilon) = \omega_0 + \epsilon\omega_1 + \epsilon^2\omega_2 + ...$$

2- Montrer qu'à chaque ordre en ϵ, on peut ajuster la valeur de la fréquence de manière à éliminer les termes séculaires et à rendre les coefficients $v_k(\tau)$ périodiques de période 2π.

4.2. La moyennisation à la van der Pol

On considère le système de Van der Pol forcé

$$x' = y$$

$$y' = -\epsilon(x^2 - 1)y - x + E\sin\omega t.$$

1- Montrer qu'il existe un changement de coordonnées $(x, y) \mapsto (\xi, \eta)$ tel que

$$x(t) = \xi\cos(\omega t) + \eta\sin(\omega t),$$

$$y(t) = -\omega\xi\sin(\omega t) + \omega\eta\cos(\omega t).$$

satisfasse

$$\xi'\cos(\omega t) + \eta'\sin(\omega t) = 0,$$

et

$$-\xi'\sin(\omega t) + \eta'\cos(\omega t) = \frac{\omega^2 - 1}{\omega}(\xi\cos(\omega t) + \eta\sin(\omega t))$$

$$-\frac{\mu}{3\omega}\frac{d}{dt}\{(\xi\cos(\omega t) + \eta\sin(\omega t))^3 - 3(\xi\cos(\omega t) + \eta\sin(\omega t))\} + \frac{E}{\omega}\sin(\omega t).$$

Ces deux équations permettent de représenter le système différentiel initial sous la forme

$$\xi' = F(\xi, \eta, \sin(\omega t), \cos(\omega t)),$$

$$\eta' = G(\xi, \eta, \sin(\omega t), \cos(\omega t)).$$

2- Ecrire les équations moyennisées dans lesquelles on remplace les seconds membres de l'équation ci-dessus par leur moyenne sur une période $2\pi/\omega$ en traitant ξ et η comme des constantes.

3- Chercher les points singuliers de ce système plan et en discuter la stabilité.

La moyennisation à la van der Pol donnée ci-dessus est présentée dans le livre de Lefschetz ([Lefschetz, 1957]). Dans le livre [Sanders-Verhulst, 1985], les auteurs mettent en relief le fait que cette moyennisation est très voisine de celle proposée par Clairault puis systématisée par Lagrange et Jacobi en vue d'application à la mécanique céleste.

4.3. Système de May en dynamique des populations

May a proposé de remplacer le modèle de Lotka-Volterra par le modèle suivant [May, 1972] :

$$\dot{x} = x[\lambda(1 - x) - \frac{y}{\mu + x}],$$

$$\dot{x} = y[-\nu + \frac{x}{\mu + x}].$$

Dans ce modèle, la croissance Malthusienne de la proie en l'absence de prédateur est remplacée par une croissance plus réaliste de type logistique. Le second terme de la même équation prend en compte le fait que l'efficacité du prédateur n'est pas strictement proportionnelle au nombre de proies mais qu'elle atteint une saturation. Le même type de terme se retrouve symétriquement dans la croissance du prédateur. On ne modifie pas bien sûr la décroissance exponentielle du prédateur en l'absence de proie.

1- Démontrer que ce système présente un cycle limite attractif.

Si on introduit un facteur ϵ dans la première équation, on décrit un système proie-prédateur où la dynamique de la proie est rapide par rapport à celle du prédateur.

2- Démontrer que le système ainsi obtenu

$$\epsilon\dot{x} = x[\lambda(1 - x) - \frac{y}{\mu + x}],$$

$$\dot{x} = y[-\nu + \frac{x}{\mu + x}],$$

présente des oscillations de relaxation

On pourra consulter les références [May, 1972], [Muratori-Rinaldi, 1991], [Murray, 2002], [Edelstein-Keshet, 1988], en rapport avec le sujet de cet exercice.

4.4. Méthode multi-échelle et oscillateur de van der Pol
On considère une méthode à deux échelles de temps

$$\tau = \Omega t = (\epsilon + \epsilon^2 \Omega_2 + ...)t,$$

$$T = \omega t = (1 + \epsilon^2 \omega_2 + \epsilon^3 \omega_3 + ...)t,$$

dans l'oscillateur de van der Pol

$$\frac{\partial^2 u}{\partial t^2} u - \epsilon(1 - u^2)\frac{\partial u}{\partial t} + u = 0.$$

1- Ecrire l'équation obtenue en posant

$$u = u_0(\tau, T) + \epsilon u_1(\tau, T) + ...,$$

et

$$\frac{\partial}{\partial t} = \omega \frac{\partial}{\partial T} + \Omega \frac{\partial}{\partial \tau}.$$

2- Montrer que :
$$u_0(\tau, T) = a(\tau)e^{iT} + \overline{a}(\tau)e^{-iT},$$

et que pour imposer à u_1 d'être bornée, il faut que

$$(1 - \mid a \mid^2)a - 2a' = 0.$$

3- Vérifier que $\rho = \mid a \mid^2$ satisfait

$$\rho = \frac{\rho_0 e^{\tau}}{1 - \rho_0(1 - e^{\tau})}.$$

La solution $\rho = 1$ correspond au cycle limite et les autres solutions tendent vers cette solution lorsque $\tau \to \infty$. Cet exemple permet d'apprécier l'intérêt de la méthode multi-échelle qui permet à la fois d'obtenir l'asymptotique du cycle limite mais aussi celles des solutions voisines.

5

Systèmes d'oscillateurs couplés

5.1 Couplage d'oscillateurs linéaires, les battements et les modes normaux.

L'équation d'un pendule est

$$\ddot{\theta} + (\frac{g}{L})\sin(\theta) - 0.$$

Deux pendules couplés par un ressort de Hooke se décrivent par le système

$$\ddot{\theta}_1 + (\frac{g}{L})\sin(\theta_1) + (\frac{k}{mL^2})(\theta_1 - \theta_2),$$

$$\ddot{\theta}_2 + (\frac{g}{L})\sin(\theta_2) - (\frac{k}{mL^2})(\theta_1 - \theta_2).$$

Pour des petites oscillations, ce système s'approxime par :

$$\ddot{\theta}_1 + (\frac{g}{L})(\theta_1) + (\frac{k}{mL^2})(\theta_1 - \theta_2), \tag{5.1}$$

$$\ddot{\theta}_2 + (\frac{g}{L})(\theta_2) - (\frac{k}{mL^2})(\theta_1 - \theta_2), \tag{5.2}$$

Le système (5.1-2) est linéaire et son intégration est immédiate une fois diagonalisée la partie linéaire. Pour simplifier les notations, on peut absorber la constante $\frac{g}{L}$ en changeant l'échelle du temps t et poser $\alpha = \frac{k}{mL^2}$. On trouve que le système se diagonalise dans les coordonnées :

$$x = \frac{1}{\sqrt{2}}(\theta_1 + \theta_2), \quad y = \frac{1}{\sqrt{2}}(\theta_1 - \theta_2).$$

Il vient en effet

$$x'' = -x, \quad y'' = -(1 + 2\alpha)y.$$

En toute généralité, on peut proposer la définition suivante :

Définition 52. *On considère un champ de vecteurs qui présente un point singulier tel que les valeurs propres du linéarisé sont toutes imaginaires pures (centre). On appelle modes normaux un système de coordonnées qui diagonalise la partie linéaire du champ de vecteurs.*

Les coordonnées (x, y) obtenues ci-dessus définissent donc des modes normaux du système.

Les solutions particulières telles que $y(t) = 0$ donnent des synchronisations (exactes) pour lesquelles la fréquence est égale à 1 puisque

$$\theta_1 - \theta_2 = 0.$$

Les solutions particulières telles que $x(t) = 0$ correspondent à une "antisynchronisation" pour laquelle

$$\theta_1 + \theta_2 = 0,$$

sur une fréquence $(1 + 2\alpha)^{1/2}$.

On peut faire l'expérience de lacher initialement le second pendule à un certain angle initial a

$$\theta_1 = 0, \theta_1' = 0, \theta_2 = a, \theta_2' = 0.$$

L'intégration des équations avec cette donnée initiale est immédiate et conduit à

$$\theta_1(s) = a\sin(\frac{\beta - 1}{2}s)\sin(\frac{\beta + 1}{2}s),$$

$$\theta_1(s) = a\cos(\frac{\beta - 1}{2}s)\cos(\frac{\beta + 1}{2}s),$$

avec $\beta = \sqrt{1 + 2\alpha}$. On obtient ainsi que chaque pendule bat avec la même "quasi-fréquence" $(\beta + 1)/2$, avec une amplitude qui varie à une échelle de temps plus lente. Il n'y a pas de cohérence dans les déphasages. On peut noter le phénomène intéressant suivant : si s est approximativement un multiple entier de $2\pi/(\beta - 1)$, le premier pendule ne bouge presque pas tandis que si $\pi/(\beta - 1)$ est approximativement un entier, c'est le deuxième qui est presque immobile. Il y a ainsi un échange d'énergie cinétique qui se fait d'un pendule sur l'autre. Cette situation s'appelle le phénomène des battements.

5.2 Systèmes d'oscillateurs conservatifs couplés

On définit un système Hamiltonien en toute dimension, au moyen d'une fonction H par les équations de Hamilton :

$$\frac{\partial x_i}{\partial t} = \frac{\partial H}{\partial y_i},$$

$$\frac{\partial y_i}{\partial t} = -\frac{\partial H}{\partial y_i},$$

$i = 1, ..., m$. L'entier m est appelé le nombre de degrés de liberté. L'exemple fondamental d'une telle dynamique est l'oscillateur harmonique à m degrés de liberté

$$\frac{\partial x_i}{\partial t} = y_i,$$

$$\frac{\partial y_i}{\partial t} = -\omega_i^2 x_i.$$

Il est évident qu'une dynamique conservative définie par la fonction hamiltonienne H possède cette fonction comme intégrale première.

On dit qu'un système hamiltonien est complètement intégrable au sens d'Arnol'd-Liouville s'il existe m intégrales premières ($H_1 = H, H_2, ..., H_m$) qui sont génériquement indépendantes et qui sont en involution :

$$\Sigma_{i=1}^m [\frac{\partial H_j}{\partial x_i} \frac{\partial H_k}{\partial y_i} - \frac{\partial H_j}{\partial y_i} \frac{\partial H_j}{\partial x_i}] = 0.$$

Si les hypersurfaces de niveau de H (par exemple) sont compactes, on peut montrer que les composantes connexes des fibres génériques de l'application donnée par l'ensemble des intégrales premières sont des tores de dimension m. Le système différentiel hamiltonien engendré par H (et en fait aussi ceux engendrés par n'importe quelle fonction H_j, $j = 1, ..., m$), est linéaire sur ces tores invariants. Ce résultat est appelé "théorème d'Arnol'd-Liouville". Lorsqu'un système hamiltonien est une perturbation d'un système intégrable, (on peut par exemple penser à une perturbation hamiltonienne de l'oscillateur harmonique), il n'est en général pas intégrable au sens d'Arnol'd-Liouville. Différentes techniques ont été développées comme les méthodes de formes normales. La recherche d'orbites périodiques peut se faire par des méthodes spécifiques (variationnelles, méthode de la fonction génératrice et de la fonction séculaire) qui donnent aussi des moyens de vérifier la stabilité. Ces méthodes théoriques ne peuvent pas être présentées dans la logique de cet ouvrage mais on pourra consulter [Francoise, 1995]. Les méthodes perturbatives de type KAM (Kolmogoroff-Arnold-Moser) utilisent une condition de twist sur les fréquences du système non perturbé et des conditions arithmétiques sur les fréquences. Dans ce chapitre, on développe à l'opposé l'analyse d'une situation où on perturbe une assemblée d'oscillateurs tous identiques. Ce cadre a été étudié par Malkin (qui a généralisé des premiers travaux de Poincaré) et il s'applique justement très bien aux situations physiologiques représentées par un couplage électrique faible de cellules toutes identiques. Par contraste avec les méthodes de type KAM, l'existence d'orbites périodiques du système perturbé se ramène souvent au théorème de l'inverse local.

5.3 Coordonnées "amplitude-phase" au voisinage d'une orbite attractive

On reprend dans ce paragraphe les conclusions des paragraphes 2.7 et 2.8, et en particulier celles du théorème 27, dans le cas particulier où l'orbite périodique est attractive.

Si l'orbite périodique est attractive, la variété stable coincide avec un voisinage ouvert de l'orbite. Il existe dans ce cas une partition de cet ouvert en l'ensemble des points qui ont une phase asymptotique fixée. Cette phase asymptotique est définie à une origine près sur l'orbite périodique. A partir de la démonstration du théorème 27, on peut montrer que l'application

$$\alpha : S(\Gamma) \to T^1,$$

est de même classe de différentiabilité que le champ de vecteurs. On utilisera pour abréger le terme de phase au lieu de phase asymptotique et on la considérera comme une fonction coordonnée définie au voisinage de l'orbite périodique.

Pour un système dynamique de dimension 2, on peut compléter la variable de phase avec une autre variable nôtée ρ de façon à former un système de coordonnées "amplitude-phase" dans un voisinage de l'orbite. Il y a beaucoup d'arbitraire dans le choix de cette fonction ρ qu'on peut prendre égale au carré de la distance à Γ, et dans ce cas, l'orbite périodique coincide avec l'ensemble $\rho = 0$.

5.4 Accrochage des fréquences et accrochage des phases

On considére dans la suite N oscillateurs :

$$\frac{dx_i}{dt} = f(x_i, y_i) \tag{5.3}$$

$$\frac{dy_i}{dt} = g(x_i, y_i), \quad i = 1, ..., m. \tag{5.4}$$

Le terme d'oscillateur est ici pris dans le sens d'oscillateur dissipatif, c'est à dire que $(5.3 - 4)$ possède un cycle limite attractif.

Le champ de vecteurs obtenu en considérant l'ensemble des variables (x_i, y_i), $i = 1, ..., m$ possède donc un tore d'orbites périodiques obtenu en prenant le produit des cycles limites attractifs et nôté dans la suite $T^m(0)$.

On suppose que ces N oscillateurs sont faiblement couplés :

$$\frac{dx_i}{dt} = f(x_i, y_i) + \epsilon F_i(x, y, \epsilon) \tag{5.5}$$

$$\frac{dy_i}{dt} = g(x_i, y_i) + \epsilon G_i(x, y, \epsilon), \tag{5.6}$$

où ϵ est supposé aussi petit qu'on le souhaite.

Définition 53. *On dit que le système* (5.5 − 6) *présente un accrochage des fréquences s'il possède une orbite périodique attractive* γ_ϵ *pour toute valeur de* ϵ *suffisamment petite qui tend vers (au sens de la topologie de Hausdorff) une orbite périodique contenue dans le tore périodique* $T^m(0)$.

On suppose maintenant que le système (5.5 − 6) présente un accrochage de fréquences et on désigne par $\Gamma(t)$ l'orbite périodique attractive qui définit cet accrochage des fréquences. On considère les projections $\Gamma_i(t)$ de ce cycle sur les plans de coordonnées (x_i, y_i), $i = 1, ..., m$. On suppose que ϵ est suffisamment petit pour que cette projection appartienne à l'ouvert U_i sur lequel sont définies les coordonnées "amplitude-phase" du système (5.5 − 6). Ce système est défini, comme on l'a vu, au choix près d'une origine sur l'orbite périodique. Les différences de phases entre les différentes projections sont donc définies sans ambiguïté. Ceci détermine un système de coordonnées "amplitude-phase". On peut donc écrire le système (5.5 − 6) en restriction à l'ouvert $U = \Pi_{i=1}^m U_i$:

$$\frac{d\rho_i}{dt} = f_i(\rho, \alpha, \epsilon), \tag{5.7}$$

$$\frac{d\alpha_i}{dt} = \Phi_i(\rho, \alpha, \epsilon), \quad i = 1, ..., m, \tag{5.8}$$

Définition 54. *On dit que le système* (5.5 − 6) *présente un accrochage des phases si le système induit par* (5.7 − 8) *sur* $\Gamma(t)$ *par les déphasages :*

$$\frac{d(\alpha_i - \alpha_1)}{dt} = \Phi_i(0, (\alpha - \alpha_1), \epsilon) \mid_{\epsilon=0}$$

possède un point singulier attractif.

Dans la suite, on va souvent considérer le cas où les oscillateurs (non perturbés) sont identiques et en particulier ont la même fréquence ω. L'accrochage des fréquences du système couplé peut alors se faire sur un vecteur de fréquence

$$\underline{\omega} = \underline{k}\omega, \underline{k} \in Z^N.$$

Définition 55. *Un accrochage des phases qui se produit avec le vecteur de fréquences tel que* $\underline{k} = (1, ..., 1)$ *est appelé une synchronisation.*

Dans les paragraphes suivants, on présente l'approche de Malkin, généralisée par la suite par Roseau, [Malkin, 1956], [Roseau, 1966] qui permet de démontrer dans certains cas l'accrochage des phases pour des systèmes d'oscillateurs faiblement couplés.

5.5 Orbites périodiques des systèmes linéaires

On considère l'équation :

$$\frac{dx}{dt} = P(t).x + q(t), \tag{5.9}$$

où P est une fonction matricielle continue et T-périodique et q est une fonction vectorielle continue et T-périodique. La variable $x = (x_1, ..., x_n)$ est une variable vectorielle. On considère aussi les deux équations homogènes associées :

$$\frac{dx}{dt} = P(t).x \tag{5.10}$$

$$\frac{dx}{dt} = -P^*(t).x \tag{5.11}$$

où P^* désigne la matrice transposée de P.

L'ensemble des solutions T-périodiques de l'équation homogène (5.10) est un espace vectoriel. On note m sa dimension et $U^j(t)$, $(j = 1, ..., m)$ une base de cet espace vectoriel. On complète avec $n - m$ autres solutions $U^j(t)$, $(j = m+1, ..., n)$ de façon à obtenir une base de R^n. On forme la matrice $U(t)$ dont les vecteurs colonnes sont ces vecteurs et on note $U_{ij}(t)$ les éléments de cette matrice.

On fait le changement de variable $x = U^*(0)^{-1}y$. Le système (5.9) se transforme en :

$$\frac{dy}{dt} = Q(t)y + r(t) \tag{5.12}$$

avec $Q(t) = U^*(0)P(t)U^*(0)^{-1}$ et $r(t) = U^*(0)q(t)$.

La matrice $V(t) = U^{-1}(0)U(t)$ satisfait :

$$\frac{dV}{dt} + Q^*(t)V = 0, \quad V(0) = I$$

et les k premiers vecteurs colonnes de la matrice $V(t)$, nôtés $V^j(t), (j = 1, ..., m)$ sont T-périodiques.

On désigne par $X(t)$ la matrice définie par

$$\frac{dX}{dt} = Q(t).X, \quad X(0) = I,$$

et qui satisfait

$$X^{-1}(t) = V^*(t).$$

La solution de (5.12) s'écrit :

$$y(t) = X(t).y(0) + X(t). \int_0^t X^{-1}(u)r(u)du. \qquad (5.13)$$

On en déduit que les solutions T-périodiques de (5.9) ont des données initiales $y(0)$ telles que :

$$(V^*(T) - I).y(0) = \int_0^T V^*(s)r(s)ds. \qquad (5.14)$$

Réciproquement, si on considère une solution $y(0)$ de l'équation (5.14), le fait que P et q sont T- périodiques et l'unicité des solutions d'une équation différentielle impliquent que la solution de (5.9) dont la donnée initiale satisfait (5.14) est T-périodique. Les solutions T-périodiques de (5.9) sont donc en correspondance biunivoque avec les solutions de (5.14). Les m premières lignes de la matrice $V^*(T) - I$ sont nulles et son rang est exactement $n-m$. Il s'ensuit qu'au moins un des déterminants d'ordre $n - m$ extraits du tableau formé par les $n - m$ dernières lignes est non nul. On peut supposer que le déterminant formé par les $(n - m)$ dernières lignes et les $(n - m)$ dernières colonnes de $V^*(T)$ est différent de 0. On le note Δ dans la suite.

Une condition nécessaire et suffisante pour que (5.9) ait une solution périodique est donc que :

$$\int_0^T \sum_{j=1}^n V_{jk}(u)r_j(u)du = 0, \quad k = 1, ..., m \qquad (5.15)$$

$$\sum_{j=m+1}^n (V_{jk}(T) - \delta_{jk})y_j(0) = \sum_{j=1}^n \int_0^T V_{jk}(s)r_j(s)ds, \quad m+1 \le s \le n. \qquad (5.16)$$

On obtient ainsi que si les m conditions :

$$\sum_{j=1}^n \int_0^T U_{jk}(s)q_j(s)ds = 0, \quad k = 1, ...m \qquad (5.17)$$

sont satisfaites alors (5.9) possède une famille $x_\alpha(t)$ de solutions T-périodiques dépendant de m paramètres $(\alpha_1, ..., \alpha_m)$ qui peut s'écrire :

$$x_\alpha(t) = \alpha_1\phi_1(t) + ... + \alpha_m\phi_m(t) + \overline{x}(t), \qquad (5.18)$$

où $\overline{x}(t)$ est une solution T-périodique particulière et les $\phi_j(t)$ sont des solutions T-périodiques indépendantes de (5.10). Plus précisément, dans le but de simplifier les notations, on choisit pour $\overline{x}(t)$ l'unique solution de (5.9) qui satisfait $y(0)_k = 0, k = m + 1, ..., n$. Pour solution $\phi_j(t)$ de (5.2a), on choisit celle telle que $y(0)_k = \delta_{jk}$. Dans ces conditions, on a pour la solution $x_\alpha(t)$

$$y(0)_k = \alpha_k, \quad k = 1, ..., m,$$

tandis que les autres conditions initiales $y(0)_k = \beta_k$, $\quad k = m + 1, ..., n$ sont fixées uniquement par (5.14)

$$\beta_k = \beta_k^0$$

5.6 Le théorème de Malkin dans le cas quasi-linéaire

On considère maintenant l'équation différentielle perturbée :

$$\frac{dx}{dt} = P(t).x + q(t) + \epsilon f(x, t, \epsilon), \tag{5.19}$$

avec f de classe C^1 et T-périodique en t.

On suppose que les solutions $y(t, y(0), \epsilon)$ de (5.19) existent pour toutes valeurs de t, $0 \leq t \leq T$ et qu'elles dépendent différentiablement de la donnée initiale $y(0)$. Ceci est le cas pour les perturbations de systèmes linéaires si ϵ est suffisamment petit.

On suppose que q satisfait la condition (5.17) et qu'il existe une solution

$$(\alpha_1^0, ... \alpha_m^0)$$

aux équations :

$$\psi_k(\alpha) = \sum_{j=1}^{n} \int_0^T U_{jk}(u) f_j(x_\alpha(u), u, 0) du = 0, \quad k = 1, ..., m$$

telle que la matrice des dérivées partielles :

$$\frac{\partial \psi_k(\alpha)}{\partial \alpha_j}\Big|_{\alpha=\alpha^0}, \quad k = 1, ... m; j = 1, ..., m$$

soit inversible.

On fait comme au paragraphe 5.5 le changement de variables : $\quad x = U^*(0)^{-1} y$.

Le système (5.19) se transforme en :

$$\frac{dy}{dt} = Q(t)y + r(t) + \epsilon F(y, t, \epsilon), \tag{5.20}$$

avec $F = U^*(0) f(U^*(0)^{-1} y, t, \epsilon)$.

Les solutions de (5.20) sont uniquement déterminées par leurs données initiales. On peut donc considérer les variables (α, β) comme des coordonnées de l'espace des solutions. De ce point de vue, par exemple, l'ensemble des solutions T- périodiques de (5.19) est un espace affine de dimension m d'équations $\beta = \beta^0$ paramétré par les variables libres α. Dans cet espace affine, on choisit un point (qui correspond à une solution T-périodique particulière de (5.9)) $(\alpha = \alpha^0)$. Les solutions T-périodiques de (5.20) sont en correspondance biunivoque avec les solutions de :

$$C_k(\alpha, \beta, \epsilon) = \sum_{j=1}^{n} \int_0^T V_{jk}(s) F_j(y(s, \epsilon, \alpha, \beta), s, \epsilon) ds = 0, \quad k = 1, ..., m$$

$$C_k(\alpha, \beta, \epsilon) = \sum_{j=m+1,...,n} (V_{jk}(T) - I)\beta_j - \sum_{j=1}^{n} \int_0^T V_{jk}(s) r_j(s) ds$$

$$-\epsilon \sum_{j=1}^{n} \int_0^T V_{jk}(s) F_j(y(s, \epsilon, \alpha, \beta), s, \epsilon) ds = 0, \quad k = m+1, ..., n$$

où $\alpha_k, k = 1, ..., m$ et $\beta_k = y_k(0), k = m+1, ..., n$
paramétrisent les conditions initiales de la solution $y(t, \epsilon, \alpha, \beta)$ de (5.20)
en sorte que :

$$y(0) = U^*(0).x(0), \quad x(0) = \sum_{j=1}^{m} \alpha_j \phi_j(0) + \overline{x}(0).$$

Le déterminant de la matrice Jacobienne de l'application

$$(\alpha, \beta) \mapsto C(\alpha, \beta, \epsilon),$$

pour $\alpha = \alpha^0, \beta_k = \beta_k^0, k = m+1, ..., n, \epsilon = 0$ est égal au produit de Δ par le déterminant de

$$\frac{\partial \psi_k(\alpha)}{\partial \alpha_j}|_{\alpha=\alpha^0},$$

et donc il est non nul.

Le théorème des fonctions implicites montre alors que l'équation différentielle (5.20) (et donc aussi (5.19)) admet pour tout ϵ suffisamment petit une unique solution T-périodique qui tend vers x_{α^0} lorsque ϵ tend vers 0.

5.7 Le théorème de Roseau

On considère enfin la situation plus générale d'une perturbation d'un système quelconque (non linéaire)

$$\frac{dx}{dt} = f(x,t) + \epsilon g(x, t, \epsilon), \tag{5.21}$$

où on suppose que

$$\frac{dx}{dt} = f(x,t), \tag{5.22}$$

possède une famille $x_\alpha(t)$ à m paramètres d'orbites périodiques de période T.

On suppose que les solutions $y(t, y(0), \epsilon)$ existent pour $0 \le t \le T$ et dépendent différentiablement des données initiales $y(0)$. Ceci est le cas si on suppose par exemple que l'équation non perturbée définit un flot et si ϵ est suffisamment petit.

On suppose que ces différentes solutions $x_\alpha(t)$ sont indépendantes, en quelque sorte, dans le sens que l'application :

$$\alpha \mapsto x_\alpha(t)$$

est pour tout t une immersion. Autrement dit, les m vecteurs $\frac{dx_\alpha}{d\alpha_j}(t)$ sont indépendants.

On commence par linéariser la solution le long de la famille d'orbites périodiques en posant :

$$x = x_\alpha(t) + \epsilon\xi. \tag{5.23}$$

L'équation (5.21) se transforme donc en :

$$\frac{d\xi}{dt} = Df_x(x_\alpha(t), t).\xi + g(x_\alpha(t), t, 0) + \epsilon F(\xi, t, \epsilon). \tag{5.24}$$

Il est naturel de reprendre les notations du paragraphe précédent et de poser

$$P(t) = Df_x(x_\alpha(t), t), \quad r(t) = g(x_\alpha(t), t, 0).$$

On désigne aussi par $U(t)$ la solution fondamentale de l'équation (5.10) construite au paragraphe 5.5.

Théorème 52. *On suppose qu'il existe une solution*

$$(\alpha_1^0, ... \alpha_m^0)$$

aux m équations :

$$\sigma_k(\alpha) = \sum_{j=1}^{n} \int_0^T U_{jk}(u) g_j(x_\alpha(u), u, 0) du = 0, \quad k = 1, ..., m \tag{5.25}$$

telle que la matrice des dérivées partielles :

$$\frac{\partial \sigma_k(\alpha)}{\partial \alpha_j}\Big|_{\alpha=\alpha^0}, \quad k = 1, ... m; j = 1, ..., m \tag{5.26}$$

soit inversible. Alors l'équation (5.21) admet, pour ϵ suffisamment petit, une seule solution T-périodique qui tends vers x_{α^0} lorsque ϵ tends vers 0.

Preuve. Nous allons montrer que sous ces conditions, nous pouvons appliquer le résultat démontré au paragraphe 5-6 à l'équation (5.24). Remarquons qu'il revient au même de montrer ce théorème pour l'équation (5.24) puisqu'elle se déduit de (5.21) par le changement de variable (5.23).

On commence par remarquer que les m conditions (5.25) impliquent que les m équations linéaires non-homogènes :

$$\frac{d\xi}{dt} = Df_x(x_{\alpha^0}(t), t).\xi + g(x_{\alpha^0}(t), t, 0),$$

admettent une famille de solutions T-périodiques dépendant de m paramètres $\gamma = (\gamma_1, ..., \gamma_m)$. Conformément à (5.18), elle peut s'écrire :

$$\xi_\gamma(t) = \gamma_1\phi_1(t) + ... + \gamma_m\phi_m(t) + \overline{\xi}(t), \qquad (5.27)$$

où $\overline{\xi}(t)$ est une solution T-périodique particulière et les $\phi_j(t)$ sont des solutions T-périodiques indépendantes de (5.10).

Lemme 10. *On peut prendre les fonctions $\phi_j(t)$ égales aux fonctions $\frac{\partial x_\alpha}{\partial \alpha_j}(t) \mid_{\alpha=\alpha^0}$.*

En effet, on a déjà mis dans la définition de la famille des orbites périodiques le fait que ces vecteurs sont indépendants. Il s'agit évidemment de solutions T-périodiques de (5.10).

Dans la suite, on admettra que toute solution T- périodique de (5.10) est nécessairement combinaison linéaire de ces solutions.

D'après les résultats démontrés au paragraphe 5.6, le système (5.24) admet une telle solution périodique (pour ϵ suffisamment petit) s'il existe une solution

$$(\gamma_1^0, ... \gamma_m^0)$$

aux équations :

$$\nu_k(\gamma) = \sum_{j=1}^n \int_0^T U_{jk}(s)F_j(\xi_\gamma(s), s, 0)ds = 0, \quad k = 1, ..., m$$

telle que la matrice des dérivées partielles :

$$\frac{\partial \nu_k(\gamma)}{\partial \gamma_j}\mid_{\gamma=\gamma^0}, \quad k = 1, ...m; j = 1, ..., m$$

soit inversible.

Lemme 11. *Les fonctions $\nu_k(\gamma)$ sont linéaires en γ.*

Preuve. On observe d'abord que les fonctions $F_j(\xi, s, 0)$ sont elles-même quadratiques en ξ :

$$F_j(\xi, s, 0) = \frac{1}{2} \sum_{k,l} \frac{\partial^2 f_j}{\partial z_k \partial z_l}(x_{\alpha^0}(s), s)\xi_k \xi_l + \sum_k \frac{\partial g_j}{\partial z_k}(x_{\alpha^0}(s), s, 0) \qquad (5.28)$$

$$+ \frac{\partial g_j}{\partial \epsilon}(x_{\alpha^0}(s), s, 0). \qquad (5.29)$$

Ensuite, les solutions $\xi(t)$ sont des fonctions affines en les variables γ. On obtient donc pour les $\nu_p(\gamma)$ une expression *a priori* quadratique en les γ :

$$\nu_p(\gamma_1, ..., \gamma_m) = \frac{1}{2} \sum_{qrkl} \gamma_q \gamma_r \int_0^T U_{jp} \frac{\partial^2 f_j}{\partial z_k \partial z_l} \cdot \frac{\partial z_k}{\partial \gamma_q} \cdot \frac{\partial z_l}{\partial \gamma_r} ds \qquad (5.30)$$

$$+ \sum_{qkl} \gamma_q \int_0^T U_{jp} [\frac{1}{2} \frac{\partial^2 f_j}{\partial z_k \partial z_l}(\frac{\partial z_k}{\partial \gamma_q} \cdot \bar{\xi}_l + \frac{\partial z_l}{\partial \gamma_q} \bar{\xi}_k) + \frac{\partial g_j}{\partial z_k} \cdot \frac{\partial z_k}{\partial \gamma_q}] ds + ... \qquad (5.31)$$

où les termes représentés par des points de suspension sont indépendants des γ. On utilise alors la relation :

$$\frac{d}{dt}(\frac{\partial^2 z_j}{\partial \gamma_q \partial \gamma_r}) = \sum_{kl} \frac{\partial^2 f_j}{\partial z_k \partial z_l} \cdot \frac{\partial z_k}{\partial \gamma_q} \cdot \frac{\partial z_l}{\partial \gamma_r} + \sum_k \frac{\partial f_j}{\partial z_k} \frac{\partial^2 z_k}{\partial \gamma_q \partial \gamma_r}.$$

On peut ensuite écrire le coefficient du terme quadratique :

$$\sum_{jkl} \int_0^T U_{jp} \frac{\partial^2 f_j}{\partial z_k \partial z_l} \cdot \frac{\partial z_k}{\partial \gamma_q} \cdot \frac{\partial z_l}{\partial \gamma_r} ds = \sum_j \int_0^T U_{jp}(s) \frac{d}{ds}(\frac{\partial^2 z_j}{\partial \gamma_q \partial \gamma_r}) ds$$

$$- \sum_{jk} \int_0^T U_{jp}(s) \frac{\partial f_j}{\partial z_k} \frac{\partial^2 z_k}{\partial \gamma_q \partial \gamma_r} ds.$$

On intégre par partie l'expression de ce coefficient en tenant compte de la périodicité. On obtient :

$$\sum_{jkl} \int_0^T U_{jp} \frac{\partial^2 f_j}{\partial z_k \partial z_l} \cdot \frac{\partial z_k}{\partial \gamma_q} \cdot \frac{\partial z_l}{\partial \gamma_r} ds = - \sum_j \int_0^T (\frac{dU_{jp}}{ds} + U_{jp}(s) \frac{\partial f_j}{\partial z_k}) \frac{\partial^2 z_k}{\partial \gamma_q \partial \gamma_r} ds = 0,$$

puisque la matrice U^* est solution de (5.10). Ainsi l'équation (5.28) est linéaire en les inconnues γ. $\qquad \square$

Pour démontrer le théorème, il est donc suffisant de vérifier que le déterminant de ce système est non nul pour avoir l'existence d'une solution du système telle que $\frac{\partial \nu_1, ..., \nu_m}{\partial \gamma_1, ..., \gamma_m} \neq 0$. On considére maintenant le coefficient du terme linéaire :

$$\sum_{kl} \int_0^T U_{jp} [\frac{\partial^2 f_j}{\partial z_k \partial z_l}.\bar{\xi}_l + \frac{\partial g_j}{\partial z_k}].\frac{\partial z_k}{\partial \gamma_q} ds$$

et le coefficient

$$\sigma_p(\alpha) = \sum_{j=1}^n \int_0^T U_{jp}(u) g_j(x_\alpha(u), u, 0) du.$$

On peut écrire :

$$\frac{d\sigma_p}{d\alpha_q} = \int_0^T (\frac{\partial U_{jp}}{\partial \alpha_q}.g_j + U_{jp}\frac{\partial g_j}{\partial z_k}.\frac{\partial z_k}{\partial \alpha_q}) ds.$$

Notant que :

$$\frac{d\bar{\xi}_j}{dt} = \sum_r \frac{\partial f_j}{\partial z_r}\bar{\xi}_r + g_j(z(t, \alpha^0, 0),$$

on obtient :

$$\frac{d\sigma_p}{d\alpha_q} = \int_0^T (\frac{\partial U_{jp}}{\partial \alpha_q}.(\frac{d\bar{\xi}_j}{ds} - \sum_r \frac{\partial f_j}{\partial z_r}\xi_r) + U_{jp}\frac{\partial g_j}{\partial z_k}.\frac{\partial z_k}{\partial \alpha_q}) ds.$$

Ce qui donne après intégration par parties :

$$\frac{d\sigma_p}{d\alpha_q} \mid_{\alpha=\alpha^0} = - \int_0^T (\frac{d}{ds}(\frac{\partial U_{jp}}{\partial \alpha_q}).\bar{\xi}_j + \sum_r \frac{\partial f_j}{\partial z_r}\bar{\xi}_r)$$

$$+ \int_0^T U_{jp}\frac{\partial g_j}{\partial z_k}.\frac{\partial z_k}{\partial \alpha_q} ds.$$

De l'équation

$$\frac{dU_{jp}}{dt} + \sum_k \frac{\partial f_k}{\partial z_j}U_{kp} = 0,$$

on déduit

$$\frac{d}{dt}(\frac{\partial U_{jp}}{\partial \alpha_q}) = - \sum_k \frac{\partial f_k}{\partial z_j}\frac{\partial U_{jp}}{\partial \alpha_q} - \sum_k \frac{\partial^2 f_k}{\partial z_j \partial z_r}U_{kp}\frac{\partial z_r}{\partial \alpha_q},$$

de sorte qu'on obtient :

$$\frac{d\sigma_p}{d\alpha_q} \mid_{\alpha=\alpha^0} = \sum_{kl} \int_0^T U_{jp}[\frac{\partial^2 f_j}{\partial z_k \partial z_l}.\bar{\xi}_l + \frac{\partial g_j}{\partial z_k}].\frac{\partial z_k}{\partial \gamma_q} ds.$$

Ceci achève donc la démonstration du théorème.

$\square$

5.8 Stabilité de l'orbite périodique et accrochage des phases

On considère dans ce paragraphe le cas des systèmes autonomes :

$$\frac{dx}{dt} = f(x) + \epsilon g(x, \epsilon), \tag{5.32}$$

où on suppose que

$$\frac{dx}{dt} = f(x), \tag{5.33}$$

possède une famille $z(\alpha, t)$ à m paramètres d'orbites périodiques de période T. On désigne à nouveau par $P(t)$ la matrice de coefficient $\frac{\partial f_i}{\partial x_j}(z(\alpha, t))$ et on suppose que le système linéaire

$$\frac{dx}{dt} = P(t).x,$$

n'admet pas d'autres solutions T-périodiques que les combinaisons linéaires des fonctions

$$\phi_1(t) = \frac{\partial z}{\partial \alpha_1}, ..., \phi_m(t) = \frac{\partial z}{\partial \alpha_m}.$$

On suppose qu'il existe une solution $\alpha = \alpha^0$ aux équations (5.25) qui satisfait les conditions (5.26). Dans ce cas, on a montré qu'il existe une solution T-périodique de (5.32) :

$$x = z(t, \alpha^0) + \epsilon \xi, \tag{5.34}$$

où $\xi(t)$ est une solution T-périodique de (5.24). On se propose maintenant d'étudier la stabilité de la solution (5.34), ou ce qui revient au même, celle de la solution $\xi(t)$. Celle-ci sera asymptotiquement stable si toutes les solutions du système linéaire :

$$\frac{du}{dt} = [P(t, \alpha^0) + \epsilon \frac{\partial F}{\partial x}(\xi(t, \epsilon, \alpha^0, \epsilon)]u, \tag{5.35}$$

tendent vers 0 lorsque $t \to +\infty$. Lorsque ϵ tend vers 0, la solution $\xi(t, \epsilon)$ tend vers :

$$\zeta(t) = \sum_{j=1}^{m} \gamma_j \frac{\partial z}{\partial \alpha_j} + \overline{\zeta}(t),$$

et on écrit (5.35) :

$$\frac{du}{dt} = [P(t) + \epsilon P_1(t) + \epsilon^2 R(t, \epsilon)]u, \tag{5.36}$$

avec

$$P(t) = P(t, \alpha^0),$$

$$P_1(t) = \frac{\partial F}{\partial x}(\zeta(t), \alpha^0, 0).$$

On introduit la solution fondamentale $X(t)$:

$$\frac{dX}{dt} = P(t).X(t), \quad X(0) = I.$$

Puisque P est T-périodique, on sait qu'il existe une matrice C telle que :

$$X(t+T) = X(t).C$$

La matrice C possède 1 comme valeur propre de multiplicité m.

On suppose dans la suite le tore invariant formé par les orbites périodiques transversalement attractif. Ceci se traduit par l'hypothèse que les $n-m$ autres valeurs propres de C sont en module strictement plus petit que 1. On peut sous ces conditions définir une matrice B (éventuellement à coefficients complexes) et une matrice M (réelle) telles que :

$$M^{-1}CM = \begin{pmatrix} Id & 0 \\ 0 & e^{TB} \end{pmatrix}, \tag{5.37}$$

les valeurs propres de B étant de partie réelle négative. On considère la matrice réelle $U(t) = X(t).M$ et le premier changement de variable $u = U(0).v$. La matrice $\Xi(t) = U^{-1}(0)U(t)$ est la matrice fondamentale de l'équation

$$\frac{dv}{dt} = \overline{P}(t).v,$$

avec $\overline{P}(t) = U^{-1}(0)P(t)U(0)$. Suivant la théorie de Floquet, cette matrice peut être représentée comme :

$$\Xi(t) = Z(t).\begin{pmatrix} 1 & 0 \\ 0 & e^{tB} \end{pmatrix} \tag{5.38}$$

où la matrice $Z(t)$ est T-périodique. Par le changement de variable $v = Z(t).w$, l'équation (5.36) s'écrit

$$\frac{dw}{dt} = B_1.w + \epsilon Z^{-1}(t)\overline{P}_1(t)Z(t) + O(\epsilon^2)w, \tag{5.39}$$

où

$$\overline{P}_1(t) = U^{-1}(0)P_1(t)U(0) \tag{5.40}$$

et la matrice B_1 est égale à

$$B_1 = \begin{pmatrix} 0 & 0 \\ 0 & B \end{pmatrix}. \tag{5.41}$$

Or la matrice B_1 a la valeur propre 0 de multiplicité m et les autres valeurs propres sont toutes de partie réelle strictement négative. Compte-tenu de la forme particulière de cette matrice, pour avoir la stabilité, il est donc suffisant d'imposer que la matrice :

$$\int_0^T \begin{pmatrix} Id & 0 \\ 0 & e^{-B_1 s} \end{pmatrix} . Z^{-1} \overline{P}_1(s) Z(s) . \begin{pmatrix} Id & 0 \\ 0 & e^{B_1 s} \end{pmatrix} . ds, \tag{5.42}$$

soit à valeurs propres de partie réelle négative. Cette condition est aussi en principe assez facile à vérifier puisqu'elle se calcule sur les premiers termes de la perturbation évaluée le long des orbites périodiques du système non perturbé et avec la matrice fondamentale du système linéarisé le long de l'orbite. Si on suppose qu'on a les conditions (5.25, 5.26, 5.34), on est ainsi assuré d'avoir l'accrochage des fréquences.

Dans la littérature sur le sujet en rapport avec la synchronisation des oscillateurs faiblement couplés, en particulier appliquée à la physiologie (cardiaque ou neuronale), on propose une méthode qui permet de vérifier relativement explicitement l'accrochage des phases, une fois pleinement justifié l'accrochage des fréquences (Voir par exemple [Hoppenstaedt-Izhykevich, 1997]). Il faut remarquer , à ce propos, que la matrice (5.37) intervient en facteur du paramètre perturbatif. Il s'ensuit qu'il y a bien stabilité lorsque les valeurs propres sont réelles négatives, mais ces valeurs propres sont multipliées par ϵ. Le temps de convergence vers l'orbite périodique est donc de l'ordre de $1/\epsilon$. Il s'ensuit qu'il est naturel, pour analyser le phénomène d'accrochage des phases d'utiliser deux échelles de temps. Un temps t avec lequel se fait l'oscillation principale et un deuxième temps $\tau = \epsilon t$. On peut donc utiliser l'approche multi-échelle du paragraphe 4.6. On pourra consulter ([Murray, 1989], [Hoppenstaedt-Izhykevich, 1997], [Keener-Sneyd, 1998]) et voir l'exercice proposé à la fin de ce chapitre.

5.9 Application à la perturbation d'un système autonome

On considère le cas particulier suivant :

$$\frac{dx}{dt} = f(x) + \epsilon g(x, t, \epsilon), \tag{5.43}$$

où le système non perturbé admet une solution périodique stable de période T. On suppose que la perturbation est périodique de période $T' = \frac{p}{q}.T.(1+\epsilon\delta(\epsilon))$. On fait le changement de variable :

$$t = \tau(1 + \epsilon\delta(\epsilon)),$$

et l'équation est transformée en :

$$\frac{dx}{d\tau} = f(x) + \epsilon G(x, \tau, \epsilon), \tag{5.44}$$

où G est périodique de période $T'' = \frac{p}{q}.T$ par rapport à τ. Par application de ce qui précéde, on peut montrer, sous certaines conditions, l'existence de solutions périodiques de (5.39) de période $p.T$ et donc de solutions périodiques de (5.38) de période $q.T'$. Cet "adaptation" du système forcé sur un multiple de la période du forçage est un phénomène remarquable observé pour la première fois par van der Pol. Van der Pol avait immédiatement entrevu la possibilité d'utiliser ce fait pour modéliser la fréquence cardiaque qui doit s'adapter aux forçages extérieurs. Plus précisément, l'équation non perturbée possède une famille de solutions périodiques $z(t + \alpha)$. Le système adjoint du linéarisé :

$$\frac{dx}{d\tau} + \frac{\partial f}{\partial x}(z(t + \alpha))x = 0,$$

possède une solution périodique de période T de la forme $\psi(\tau + \alpha)$. On peut donc affirmer que l'équation (5.39) admet une solution périodique par rapport à τ de période $q.T$, si l'équation

$$\sigma(\alpha) = \sum_{j=1}^{\infty} n \int_0^{p.T} \psi_j(s + \alpha)[\delta(0).f_j(z(s + \alpha)) + g_j(z(s + \alpha), s, 0)]ds = 0,$$

a une solution telle que $\sigma'(\alpha) \neq 0$.

5.10 Le nombre de rotation

On considère un champ de vecteurs sur le tore T^2 qui admet une méridienne comme section :

$$\frac{d\theta}{d\phi} = A(\theta, \phi), \qquad (5.45)$$

avec A différentiable. Puisque la solution existe pour toute valeur de ψ, toute orbite doit couper le méridien $\phi = 0$ et on peut donc prendre une donnée intiale de la forme $(0, \xi)$. On désigne par $\theta(\phi, \xi)$ la solution telle que $\theta(0, \xi) = \xi$. Comme on a unicité des solutions, la fonction $\theta(\phi, \xi)$ est pour chaque ϕ monotone croissante en la variable ξ. En particulier ceci implique que $\xi \mapsto \theta(1, \xi)$ est un homéomorphisme de la droite réelle et permet de définir (puisqu'il est périodique) un homéomorphisme du cercle T qui respecte l'orientation. On a (toujours à cause de l'unicité de la solution) en fait :

$$\theta(\phi, \xi + m) = \theta(\phi, \xi) + m,$$

$$\theta(m, \theta(n, \xi)) = \theta(n, \theta(m, \xi)) = \theta(n + m, \xi).$$

Théorème 53. *La limite*

$$\rho = \lim_{|n| \to \infty} \frac{\theta(n, \xi)}{n},$$

existe et est indépendante de ξ. Elle s'appelle le nombre de rotation du système différentiel sur le tore. Le nombre de rotation est rationnel si et seulement si le système différentiel possède une orbite périodique sur le tore.

Preuve. On commence par montrer que si ρ existe pour une valeur de $\xi = \overline{\xi}$, alors il existe pour toute valeur de ξ et il est indépendant de ξ. La monotonicité et la périodicité de $\theta(\phi, \xi)$ impliquent :

$$\theta(\phi, \overline{\xi}) - 1 = \theta(\phi, \overline{\xi} - 1) \leq \theta(\phi, \xi) \leq \theta(\phi, \overline{\xi} + 1) = \theta(\phi, \overline{\xi}) + 1.$$

Et cette inégalité conduit au résultat.

Pour l'existence de ρ, la preuve qui suit est dûe à M. Peixoto. Pour tout réel ξ, il existe un entier m tel que $0 \leq \xi - m \leq 1$, et donc $\theta(\phi, 0) \leq \theta(\phi, \xi - m) \leq \theta(\phi, 0) + 1$. Soit $\gamma = \xi - m$, la dernière relation implique :

$$\theta(\phi, 0) - \gamma \leq \theta(\phi, \xi) - \xi \leq \theta(\phi, 0) - \gamma,$$

et puisque $0 \leq \gamma \leq 1$, cela donne :

$$\theta(\phi, 0) - 1 \leq \theta(\phi, \xi) - \xi \leq \theta(\phi, 0) + 1. \tag{5.46}$$

Comme le nombre de rotation ne dépend pas de ξ, on peut supposer $\xi = 0$. On applique alors la formule (5.41) à $\phi = m$ entier et $\xi = 0$ et on obtient :

$$n\theta(m, 0) - n \leq \theta(nm, 0) \leq n\theta(m, 0) + n,$$

et

$$n\theta(-m, 0) - n \leq \theta(-nm, 0) \leq n\theta(-m, 0) + n.$$

On obtient ainsi :

$$\mid \frac{\theta(nm, 0)}{nm} - \frac{\theta(m, 0)}{m} \mid \leq \frac{1}{\mid m \mid}. \tag{5.47}$$

En échangeant le rôle de n et m et en additionnant, l'inégalité triangulaire implique :

$$\mid \frac{\theta(n, 0)}{n} - \frac{\theta(m, 0)}{m} \mid \leq \frac{1}{\mid n \mid} + \frac{1}{\mid m \mid}.$$

Ceci démontre donc que la suite considérée est une suite de Cauchy et qu'elle est convergente.

Montrons que si T a un point périodique, le nombre ρ est rationnel. En effet s'il existe un entier m et un réel ξ tel que $T^m(\xi) = \xi$, il existe aussi un entier k tel que $\theta(m, \xi) = \xi + k$. On a alors :

$$\rho = \lim_{n\to\infty} \frac{\theta(nm,\xi)}{nm} = \lim_{n\to\infty} \frac{\xi + nk}{nm} = \frac{k}{m},$$

et ρ est rationnel.

Réciproquement, si on suppose que $\rho = \frac{k}{m}$ est rationnel et que T^m n'a pas de point fixe, alors pour tout point ξ, on a $\theta(m,\xi) \neq \xi + k$. On peut supposer que $\theta(m,\xi) - \xi - k \geq a > 0$. L'application répétée de cette inégalité conduit à $\theta(rm,\xi) - \xi \geq r(k + a)$ et donc en divisant par rm et en prenant la limite $r \to \infty$, on obtient $\rho \geq k/m + a/m$, ce qui est une contradiction. $\square$

On a ainsi montré que si ρ est rationnel, le système différentiel a une orbite périodique. On peut préciser ce dernier point avec un théorème de Peixoto :

Théorème 54. *Si le nombre de rotation ρ est rationnel, alors soit toute orbite du système différentiel est périodique, soit elle est asymptotique à une orbite périodique.*

Preuve. En effet d'après ce qui précède, on a montré que le système possède une orbite périodique qui intersecte le méridien. Si on prend le complémentaire de cette orbite périodique dans le tore, on obtient un anneau. Pour un champ de vecteurs sur l'anneau, on peut appliquer le théorème 8.

$\square$

Lorsqu'on a des familles de systèmes différentiels sur le tore, on peut compléter les résultats précédents avec le :

Théorème 55. *Le nombre de rotation varie continûment en fonction de A si A est une fonction Lipschitzienne de θ.*

Preuve. En effet, si on désigne par $\theta_A(\phi, 0)$ et $\theta_B(\phi, 0)$ les solutions respectives des équations différentielles correspondantes respectivement à A et à B, et $z(\phi) = \theta_A(\phi, 0) - \theta_B(\phi, 0)$, il vient :

$$\frac{dz}{d\phi} = [A(\phi, z(\phi) + \theta_B(\phi, 0) - A(\phi, \theta_B(\phi, 0)] - [B(\phi, \theta_B(\phi, 0)) - A(\phi, \theta_B(\phi, 0))].$$

Ceci implique, en notant L la constante de Lipschitz de A,

$$|\frac{dz}{d\phi}| \leq L \mid z \mid + \sup_{0 \leq \phi, \theta < 1} \mid B(\phi, \theta) - A(\phi, \theta) \mid,$$

pour tout ϕ. Donc, il vient :

$$\mid \theta_A(\phi, 0) - \theta_B(\phi, 0) \mid \leq L^{-1} e^{L\phi} \sup_{0 \leq \phi, \theta \leq 1} \mid B(\phi, 0) - A(\psi, \theta) \mid .$$

Par ailleurs l'inégalité donne :

$$| \theta_A(m,0)/m - \rho(A) | < 1/ | m |,$$

et ceci implique :

$$| \rho(A) - \rho(B) | \leq | \rho(A) - \frac{\theta_A(m,0)}{m} | + | \frac{\theta_A(m,0) - \theta_B(m,0)}{m} | + | \frac{\theta_B(m,0)}{m} - \rho(B) |$$

$$\leq \frac{2}{| m |} + | \frac{\theta_A(m,0) - \theta_B(m,0)}{m} |.$$

Pour tout ϵ, on choisit m suffisamment grand en sorte que $1/m \leq \epsilon/3$. Puis à m fixé, on choisit δ en sorte que

$$\mathrm{Max}_{0 \leq \phi, \theta \leq 1} | A(\phi, \theta) - B(\phi, \theta) | < \delta$$

implique

$$| \theta_A(m,0) - \theta_B(m,0) | \leq 1.$$

On obtient alors la continuité du nombre de rotation.   □

Sur le nombre de rotation, on pourra consulter [Hale, 1969].

Définition 56. *Etant donnée une application du cercle, $x \mapsto F(x)$, on dit qu'elle présente un point périodique de période n et d'indice m s'il existe un point x_0 tel que l'itéré de x_0 : $x_n = F^n(x_0)$ satisfait :*

$$x_n = x_0 + m.$$

Si on suppose que F est un homéomorphisme, on peut montrer que la limite suivante existe

$$\rho = \lim_{n \mapsto \infty} \frac{F^n(x)}{n}.$$

Cette limite s'appelle le nombre de rotation de F (*a priori* au point x).

On peut démontrer comme dans le cas des flots étudié précédemment que si F est un homéomorphisme, le nombre de rotation a les propriétés suivantes

1- Le nombre de rotation est indépendant de x.

2- Le nombre de rotation est rationnel si et seulement s'il y a des points périodiques.

3- Si le nombre de rotation est irrationnel, alors la suite des itérés est dense dans le cercle ou dans un ensemble de Cantor. Denjoy a donné un exemple de champ de vecteurs de classe C^1 dont l'application de premier retour associée admet un tel ensemble de Cantor. Il a aussi démontré que cette situation est impossible pour les champs de vecteurs de classe C^2 [Denjoy, 1975].

4- Si l'application F_λ dépend continûment d'un paramètre λ, alors $\rho(\lambda)$ est une fonction continue du paramètre λ.

5- Génériquement si $\rho(\lambda)$ devient rationnel pour une valeur $\lambda = \lambda_0$, il reste constant sur un petit intervalle contenant λ_0.

6- Si F_λ est une fonction monotone croissante de λ, alors $\rho(\lambda)$ est une fonction non décroissante de λ.

Le comportement en fonction du paramètre λ du nombre de rotation a suscité le nom "d'escalier du diable" puisque (s'il n'est pas constant) il monte continûment en étant localement constant le long des lignes de niveaux rationnelles des escaliers.

Problèmes

5.1. Le modèle de Ermentrout-Rinzel

Certaines lucioles d'Asie du Sud-Est offrent un des exemples les plus spectaculaires de synchronisation. Des milliers de lucioles mâles se regroupent dans des arbres la nuit et se mettent à lancer des éclairs en parfaite synchronie dans le but d'attirer le plus efficacement possible leur âme soeur. (Voir le film "The Trials of life" de David Attenborough dans l'épisode "Talking to Strangers"). Comment cette synchronisation s'opère t'elle? Le modèle de [Ermentrout-Rinzel,] (voir aussi [Strogatz, 1999]) est basée sur l'idée qu'une luciole voyant l'éclair d'une voisine a tendance à ralentir ou à accélérer de façon à se placer en phase avec l'autre.

On considère le système différentiel sur le tore T^2 défini par l'évolution de deux angles (Θ, θ) :

$$\dot{\Theta} = \Omega,$$

$$\dot{\theta} = \omega + A\sin(\Theta - \theta),$$

avec $A > 0$.

La différence des phases $\phi = \Theta - \theta$ satisfait l'équation

$$\dot{\phi} = \Omega - \omega - A\sin(\phi).$$

1- Discuter en fonction du paramètre $\mu = \frac{\Omega - \omega}{A}$ la présence et la stabilité de points singuliers.

2- Montrer que si $0 < \mu < 1$, il y a un accrochage des phases.

3- Montrer que si $\mu > 1$, les points stables et instables disparaissent dans une bifurcation pli et qu'il n'y a plus d'accrochage des phases.

5.2. Accrochage des phases pour des oscillateurs dans la forme normale

On considère un réseau d'oscillateurs qui sont dans la forme normale de Birkhoff

$$\dot{x}_i = \omega y_i + x_i f(p_i),$$

$$\dot{y}_i = -\omega x_i + y_i f(p_i), i = 1, ..., N$$

avec

$$p_i = \omega^2 x_i^2 + y_i^2.$$

On suppose que la fonction d'une variable c, $c \mapsto f(c)$ présente un zéro isolé en $c = c_0$ avec $f'(c_0) > 0$.

1- Vérifier que le système présente un tore invariant normalement contractant qui est le produit des N cycles limites attractifs.

On peut écrire le système en coordonnées complexes

$$\dot{z}_i = \mathrm{i}\omega z_i + z_i f(z_i \overline{z}_i).$$

On considère alors un couplage linéaire entre les oscillateurs du type suivant

$$\dot{z}_i = \mathrm{i}\omega z_i + z_i f(z_i \overline{z}_i) + \sum_j c_{ij} z_j,$$

avec la matrice ("des connexions synaptiques") c_{ij} qui satisfait

$$c_{ij} = \overline{c}_{ji}.$$

Discuter suivant la fonction f et les valeurs des c_{ij} l'existence d'un accrochage des fréquences.

On commence par remarquer que le changement de coordonnées

$$z_i = \mathrm{e}^{\mathrm{i}\omega t} w_i,$$

ramène le système à

$$\dot{w}_i = w_i f(w_i \overline{w}_i) + \sum_j c_{ij} w_j.$$

On vérifie ensuite que la fonction :

$$U(w) = \sum_i F(w_i \overline{w}_i) + \sum_{ij} c_{ij} \overline{w}_i w_j,$$

est une fonction de Lyapunov pour ce système.

5.3. L'exemple de l'oscillateur de van der Pol forcé

On considère un oscillateur de van der Pol forcé par un second-membre périodique de période proche de celle du cycle limite

$$y'' - \epsilon(1 - y^2)y' + y = f(t)$$

1- Vérifier que le cycle limite persiste et que sa période peut se synchroniser avec celle du forçage.

2- Montrer que si la fréquence du forçage est plus élevée, l'oscillateur peut se synchroniser sur un diviseur exact de la fréquence du forçage (phénomène de démultiplication des fréquences).

La raison pour laquelle van der Pol a envisagé assez vite de modéliser le coeur avec ce type d'oscillateur forcé est claire. Les oscillateurs linéaires ne peuvent pas se synchroniser avec un terme de forçage et son exemple était le premier qui pouvait manifester une adaptation à une sollicitation extérieure. On pourra consulter [Cartwright, 1948][Cartwright-Littlewood, 1945][Levi, 1981][Levinson, 1949].

5.4. L'exemple du modèle "intègre-et-tire"

On considère un système impulsionnel constitué d'un champ de vecteurs non autonome en dimension un :

$$\frac{dx}{dt} = f(x,t),$$

équipé de deux seuils, $x = 0$ et $x = 1$, avec un mécanisme de réinitialisation qui consiste, une fois atteint le seuil $(1, t_0)$, à prolonger la trajectoire en repartant du point $(0, t_0)$.

1- On définit l'application impulsionnelle ϕ comme l'application qui associe à l'instant t d'une impulsion (moment où on atteint le seuil) l'instant $\phi(t)$ de l'impulsion suivante. Montrer que si $f(0, t) > 0$, ϕ est strictement croissante et continue.

On suppose dans la suite que $f(0, t) > 0$.

2- Montrer que si f est différentiable, ϕ est différentiable et calculer $\phi'(t)$.

3- Montrer que $\alpha = \lim_{n \to \infty} \frac{n}{\phi^n(t)}$, existe et ne dépend pas de t.

Le modèle "intégre-et-tire" est représenté par les équations :

$$C\frac{dv}{dt} = S - \frac{1}{R}v,$$

si $v(t) < \theta$,

$$v(t) = 0,$$

si $v(t^-) = \theta$. *Le courant extérieur appliqué est représenté par* S. *Il fut introduit par le physiologiste français Lapicque.*

5.5. Les rythmes circadiens

Les rythmes circadiens sont naturellement forcés par le rythme de la succession des jours et des nuits. On peut reprendre le modèle de [Strogatz, 1986,1987] pour modéliser l'interaction entre les rythmes circadiens chez l'homme et les cycles de sommeil.

Il s'agit des équations

$$\dot{\theta}_1 = \omega_1 + K_1\sin(\theta_2 - \theta_1)$$

$$\dot{\theta}_2 = \omega_2 + K_2\sin(\theta_1 - \theta_2).$$

On considère l'équation d'évolution pour la différence de phase : $\phi = \theta_1 - \theta_2$. Le système donne

$$\dot{\phi} = \omega_1 - \omega_2 - (K_1 - K_2)\sin\phi.$$

1- Montrer que si

$$|\omega_1 - \omega_2| < K_1 + K_2,$$

le système présente deux points singuliers (un stable et un instable) et qu'il y a une bifurcation pli pour

$$|\omega_1 - \omega_2| = K_1 + K_2.$$

2- Si on se place dans le cas où il y a deux points singuliers, ils correspondent au deux solutions de l'équation

$$\sin(\phi*) = \frac{\omega_1 - \omega_2}{K_1 + K_2}.$$

Montrer que la solution stable correspond pour la dynamique sur le tore à une orbite périodique attractive. Vérifier qu'on a un accrochage des phases qui n'est pas une synchronisation.

5.6. Le théorème de convergence des réseaux de neurones oscillants

On considère un réseau d'oscillateurs

$$\dot{\theta}_i = \omega_i + \sum_{j=1}^{n} H_{ij}(\theta_i - \theta_j), (*)$$

et on suppose que

$$\omega_1 = \ldots = \omega_n = \omega,$$

$$H_{ij} < 0.$$

1- Montrer que le système

$$\dot{\phi}_i = \sum_{j=1}^{n} H_{ij}(\phi_i - \phi_j)$$

a un point d'équilibre stable.

2- En déduire que le système (*) a un ensemble invariant normalement contractant qui est un produit de cycles limites.

5.7. L'approche multi-échelle et un critère d'accrochage des phases et de synchronisation

On considère un système d'oscillateurs faiblement couplés représenté par les équations :

$$\frac{dX_i}{dt} = F(X_i) + \epsilon G_i(X_i) + \epsilon \sum_{i=1}^{n} a_{ij} H(X_j).$$

La variable $X_i = (x_i, y_i)$ est bidimensionnelle. Le terme $G_i(X_i)$ représente une petite déviation de la dynamique individuelle moyenne $F(X_i)$ commune à tous les oscillateurs. Le terme construit avec la fonction H représente les interactions entre les oscillateurs.

On suppose que le système :

$$\frac{dX}{dt} = F(X)$$

possède une solution périodique attractive $\gamma(t)$ de période $T = 1$. On utilise la méthode multi-échelle présentée en 4.6 et deux échelles de temps : $\sigma = \omega(\epsilon)$, $\omega(\epsilon) = 1 + \epsilon\Omega_1 + ...$, $\tau = \epsilon t$.

1- Ecrire formellement (cf. 4.6) :

$$\frac{d}{dt} = \omega(\epsilon)\frac{\partial}{\partial\sigma} + \epsilon\frac{\partial}{\partial\tau},$$

$$X_i(t, \epsilon) = X_i^0 + \epsilon X_i^1 + ...$$

dans l'équation et identifier les termes à l'ordre 0 et 1.

2- Montrer qu'à l'ordre 1 (en ϵ), le système admet une solution telle que :

$$X_i^0 = \gamma(\sigma + \delta\theta_i(\tau))$$

si et seulement si :

$$G_i(X_i^0) + \sum_{j=1}^{n} a_{ij}H(X_j^0) - \Omega_1\frac{\partial X_i^0}{\partial\sigma} - \frac{\partial X_i^0}{\partial\tau}$$

appartient à l'image de l'opérateur :

$$\frac{\partial}{\partial\sigma} - F_X(X_i^0).$$

3- On désigne par $Y(\sigma)$ l'unique solution y de :

$$\frac{\partial y}{\partial\sigma} - F_X(X_i^0)y = 0$$

telle que :

$$\int_0^1 \gamma'(\sigma)Y(\sigma)d\sigma = 1.$$

Montrer que la condition nécessaire et suffisante pour avoir à l'ordre 1 en ϵ une solution de la forme recherchée est que :

$$\frac{d\delta\theta_i}{d\tau} = \xi_i - \Omega_1 + \sum a_{ij}h(\delta\theta_i - \delta\theta_j), (*)$$

avec :

$$\xi_i = \int_0^1 Y(\sigma)G_i(\gamma(\sigma))d\sigma,$$

$$h(\phi) = \int_0^1 Y(\sigma)H(\gamma(\sigma + \phi))d\sigma.$$

4- En déduire qu'une condition suffisante pour avoir l'accrochage des phases est que (∗) possède un point singulier attractif.

6

Solutions ondes stationnaires et systèmes dynamiques

Dans ce chapitre on s'intéresse à l'existence de solutions particulières d'équations aux dérivées partielles d'évolution. Ces solutions sont obtenues comme solutions homoclines ou hétéroclines d'équations différentielles ordinaires associées. On considère, en particulier, des équations du type réaction-diffusion comme on en rencontre en modélisation de l'électrophysiologie et de la dynamique des populations.

Définition 57. *On considère une équation aux dérivées partielles d'évolution à une variable d'espace x :*

$$P(\frac{\partial u}{\partial t}, \frac{\partial u}{\partial x}, ..., \frac{\partial^n u}{\partial x^n}) = 0.$$

Une solution onde stationnaire de cette équation est une solution de la forme

$$u(x,t) = U(\xi) = U(x - ct), \quad (\xi = x - ct)$$

qui tend vers une limite lorsque $|\xi| \to \infty$. On pose $l_- = \lim_{\xi \to -\infty} U(\xi)$ et $l_+ = \lim_{\xi \to +\infty} U(\xi)$. Dans le cas où $l_- = l_+ = 0$, on dit que l'onde est une onde solitaire.

6.1 La méthode des caractéristiques, l'évolution des fronts d'onde, l'équation d'advection, l'équation de Burgers sans diffusion

On considère d'abord le cas où $n = 1$:

$$f(x,t,u)\frac{\partial u}{\partial x} + g(x,t,u)\frac{\partial u}{\partial t} = h(x,t,u). \tag{6.1}$$

On introduit le système différentiel :

$$\frac{dx}{ds} = f(x, t, z) \tag{6.2}$$

$$\frac{dt}{ds} = g(x, t, z) \tag{6.3}$$

$$\frac{dz}{ds} = h(x, t, z). \tag{6.4}$$

Proposition 5. *Si la fonction $z - u(x, t)$ est une intégrale première du système, la fonction $(x, t) \mapsto u(x, t)$ est une solution de l'équation aux dérivées partielles.*

Preuve. Si la fonction $z - u(x - ct)$ est une intégrale première de (6.2-4), elle satisfait

$$\frac{d}{ds}[z - u(x, t)] = 0,$$

et donc

$$h(x, t, z) - \frac{\partial u}{\partial x}.f - \frac{\partial u}{\partial t}.g = 0.$$

$\square$

Définition 58. *Le système différentiel (6.2-4) s'appelle le système des caractéristiques de l'équation aux dérivées partielles.*

On pourra voir une définition plus générale, par exemple, dans ([Levi-Civita, 1932, édition de 1990])

On peut considérer comme premier exemple l'équation d'advection (voir [Taubes, 2001]) :

$$u_t = -cu_x. \tag{6.5}$$

Si $u_0(x) = u(x, 0)$ est la forme initiale de l'onde, l'unique solution $u(x, t)$ de l'équation d'évolution avec cette donnée initiale est $u(x, t) = u_0(x - ct)$. Autrement dit, l'onde consiste simplement à translater à la vitesse constante c le même profil donné initialement. Pour toute valeur de c, il y a une unique onde stationnaire qui se propage à la vitesse c.

On considère maintenant un exemple non-linéaire, l'équation de Burgers sans diffusion :

$$\frac{\partial u}{\partial t} = -f(u)\frac{\partial u}{\partial x}, \tag{6.6}$$

où f est une fonction différentiable.

Proposition 6. *Soit $u(x, t)$ la solution de l'équation (6.6). La fonction :*

$$s \mapsto u(x + sf(u), s),$$

à x fixé, est constante.

Preuve. Dans ce cas, on a $h = 0$ et la proposition 5 se ramène à la recherche d'une intégrale première $u(t, x)$ de :

$$\frac{dt}{ds} = 1$$

$$\frac{dx}{ds} = f(u)$$

On obtient $t(s) = s + t_0$ et $s = f(us + x_0)$. Les caractéristiques sont donc des droites dont la pente est $f(c)$. La fonction $u(x, t)$, qui est une intégrale première satisfait donc

$$u(x + f(u)s, s) = c.$$

$\square$

6.2 Le système de Fermi-Pasta-Ulam et l'équation de Korteweg-de Vries

Le système de Fermi-Pasta-Ulam est formé de N ressorts couplés entre plus proches voisins :

$$m\ddot{x}_i = F(x_{i+1} - x_i) - F(x_i - x_{i-1}), \quad i = 1, ..., N - 2,$$

avec les conditions aux limites :

$$x_0(t) = 0, x_{N-1}(t) = 0,$$

et avec

$$F(x) = k(x + \alpha x^2).$$

On obtient donc

$$\ddot{x}_i = \alpha(x_{i+1} - 2x_i + x_{i-1})[1 + \beta(x_{i+1} - x_{i-1})].$$

Le système correspondant à la partie linéaire est

$$\ddot{x} = c^2 Q.x, \quad c^2 = \frac{\alpha}{m}, x \in R^{N-2},$$

où Q est la matrice de Jacobi

$$Q_{i,j} = \delta_{i,j-1} - 2\delta_{i,j} + \delta_{i,j+1},$$

qui est symétrique définie négative.

Si v est un vecteur propre correspondant à λ, la fonction $e^{c\sqrt{-\lambda}it}v$ est une solution du système. Si v est un vecteur propre correspondant à la valeur propre λ, ses composantes v_k vérifient la relation de récurrence :

$$v_{k-1} - 2v_k + v_{k+1} = \lambda v_k.$$

On cherche une solution particulière de cette relation de récurrence de la forme $v_k = a^k$; il vient

$$a^2 - (2+\lambda)a + 1 = 0.$$

Le produit des racines de cette équation est égal à 1 et donc la solution générale de la relation de récurrence est de la forme

$$v_k = \mu r^k + \nu r^{-k},$$

avec

$$r = \frac{1}{2}[2 + \lambda + \sqrt{\lambda(4+\lambda)}].$$

Les conditions aux limites donnent

$$\mu + \nu = 0, \quad r^{2(N-1)} = 1.$$

On trouve ainsi que les valeurs possibles de r sont

$$r = r_l = e^{i\pi l/(N-1)}, l = 0, ..., 2N-3.$$

Ces $2N - 2$ valeurs de r déterminent $N - 2$ valeurs possibles de λ

$$\lambda_l = -4\sin^2(\frac{\pi l}{2(N-1)}), l = 1, ..., N-1.$$

Les vecteurs propres correspondants ont pour composantes

$$v_k = 2i\mu\sin(\frac{\pi l k}{N-1}),$$

et si on choisit $\mu = 1/(2i)$, on obtient donc comme vecteur v^l, le vecteur dont les composantes sont

$$v_k^l = \sin(\frac{\pi l k}{N-1}).$$

Comme la matrice Q est symétrique, ses vecteurs propres correspondants à des valeurs propres distinctes sont orthogonaux. De plus, on a

$$< v^l, v^l > = \sum_{k=1}^{N-2} \sin^2(\frac{\pi l k}{N-1}) = \frac{N-1}{2}.$$

En sorte que les vecteurs $(\frac{2}{N-1})^{1/2} v^l$ forment une base orthonormale qui diagonalise la matrice Q.

Soit B, la matrice dont les colonnes sont les vecteurs propres normalisés obtenus ci-dessus. La transformation linéaire des coordonnés $x = By$ conduit au système différentiel découplé

$$\ddot{y}_k = c^2 \lambda_k y_k, \quad k = 1, ..., N - 2.$$

On a donc obtenu les modes normaux (cf. Définition 52) du système de Fermi-Pasta-Ulam.

Les "énergies" correspondantes à chaque mode normal sont des quantités conservées pour le système linéarisé ($\alpha = 0$)

$$E_k = \frac{1}{2}(\dot{y}_k^2 + c^2 y_k^2), k = 1, ..., N - 2.$$

Dans la célébre simulation numérique de Fermi-Pasta-Ulam, on s'attendait à ce que les énergies correspondantes à chaque mode normal évolueraient au cours du temps vers une équipartitition. Le résultat observé fût bien au contraire celui d'une récurrence. En partant d'une donnée initiale pour laquelle l'énergie du premier mode normal est non nulle et les énergies des autres modes normaux sont nulles, le système évolue (sur un temps assez long) vers un retour à une condition initiale proche. L'explication donnée par M. Kruskal et Zabusky était que la limite continue de ce système discret possédait des ondes stationnaires stables appelées solitons. La compréhension de cette récurrence par une approche géométrique de la théorie des oscillateurs faiblement couplés reste à découvrir.

Si on désigne par ρ la densité du ressort par unité de longueur h, on a $m = \rho h$. De même on est conduit à introduire κ le module de Young par unité de longueur et à écrire $k = \kappa h$. Si on pose $c = \sqrt{\kappa/\rho}$, il vient

$$\ddot{x}_i = c^2 (\frac{x_{i+1} - 2x_i + x_{i-1}}{h^2})[1 + \alpha(x_{i+1} - x_{i-1})].$$

On peut alors passer à une limite continue

$$u_{tt}(x,t) = \frac{u(x+h,t) - 2u(x,t) + u(x-h,t)}{h^2}[1 + \alpha(u(x+h,t) - u(x-h,t))].$$

On a

$$\frac{u(x+h,t) - 2u(x,t) + u(x-h,t)}{h^2} = u_{xx}(x,t) + (\frac{h^2}{12})u_{xxxx}(x,t) + O(h^4),$$

et

$$\alpha(u(x+h,t) - u(x-h,t)) = (2\alpha h)u_x(x,t) + (\frac{\alpha h^3}{3})u_{xxx}(x,t) + O(h^5),$$

ce qui donne en portant dans l'équation

$$(\frac{1}{c^2})u_{tt} - u_{xx} = (2\alpha h)u_x u_{xx} + (\frac{h^2}{12})u_{xxxx} + O(h^4).$$

La première tentative pour obtenir une limite continue est donc de faire tendre h vers 0 en sorte que αh^2 tend vers une limite fixée ϵ. On obtient

$$u_{tt} = c^2(1 + \epsilon u_x)u_{xx}.$$

Mais cette équation pose un sérieux problème car les solutions développent des singularités (chocs) après un temps de l'ordre de (ϵc) considérablement plus court que les temps des quasi-périodes observées par FPU. C'est donc pour cela que Kruskal et Zabusky décidèrent de conserver aussi le terme en h^2. Ce terme de diffusion a tendance à estomper les chocs avant qu'ils ne se développent. On a donc l'équation

$$(\frac{1}{c^2})u_{tt} - u_{xx} = (2\alpha h)u_x u_{xx} + (\frac{h^2}{12})u_{xxxx}.$$

Cette équation se compare (après dérivation par x et changement de u_x en v) avec

$$(\frac{1}{c^2})v_{tt} - v_{xx} = \alpha h \frac{\partial(v^2)}{\partial x^2} + (\frac{h^2}{12})v_{xxxx}, \qquad (6.7)$$

qui est l'équation de Boussinesq.

On pose $\xi = x - ct, \tau = (\alpha h)ct$, ce qui conduit à

$$y_{\xi\tau} - (\frac{\alpha h}{2})y_{\tau\tau} = -y_\xi y_{\xi\xi} - (\frac{h}{24\alpha})y_{\xi\xi\xi\xi}.$$

On peut passer à la limite en supposant que h et α tendent vers 0 avec le même ordre en sorte que h/α tendent vers une limite. On pose

$$\delta = \lim_{h \to 0} \sqrt{h/24\alpha},$$

et $v = y_\xi$, et on arrive à l'équation de Korteweg-de-Vries

$$v_\tau + vv_\xi + \delta^2 v_{\xi\xi\xi} = 0. \qquad (6.8)$$

On pourra lire le livre [Newell, 1985] pour approfondir ces sujets. La référence ([Kruskal, 1978]) est fondamentale pour comprendre la génèse de cette découverte moderne des solitons (L'observation expérimentale des solitons par Scott Russell est plus ancienne, [Newell,]).

6.3 L'équation de Fisher

L'équation de Fisher [Fisher, 1937] :

$$\frac{\partial u}{\partial t} = \frac{\partial^2 u}{\partial x^2} + u(1 - u), \qquad (6.9)$$

a été intensivement utilisée en dynamique des populations, modélisation en épidémiologie, théorie de l'évolution. On l'obtient en ajoutant à l'équation logistique de P.F. Verhulst (cf Exercice 1 du chapitre 1)un terme de diffusion à une variable d'espace.

Dans la suite, la variable u est supposée ne prendre que des valeurs positives. Dans les modèles de dynamique des populations à laquelle l'équation s'applique, la fonction u est le plus souvent comprise entre 0 et 1.

On cherche une solution onde stationnaire :

$$u(x,t) = U(x - ct),$$

avec $c > 0$ et telle que $0 \leq U \leq 1$. On trouve donc que la fonction U doit satisfaire l'équation :

$$U'' + cU' + U(1 - U) = 0. \tag{6.10}$$

On associe ainsi à la recherche des solutions ondes stationnaires le système différentiel du plan

$$U' = V \tag{6.11}$$
$$V' = -cV - U(1 - U). \tag{6.12}$$

Ce système présente deux points singuliers. Le point $(0,0)$, pour lequel les valeurs propres du linéarisé sont

$$\lambda_1 = [-c + (c^2 - 4)^{1/2}]/2$$

et

$$\lambda_2 = [-c - (c^2 - 4)^{1/2}]/2,$$

est un noeud stable si $c \geq 2$ et un foyer stable si $c < 2$. Le fait qu'on ne s'intéresse qu'aux solutions $U \geq 0$, nous amène à nous restreindre au cas $c \geq 2$, puisque la solution ne peut spiraler autour de l'origine $(0,0)$.

Le point $(1,0)$, pour lequel les valeurs propres du linéarisé sont

$$\lambda_1 = [-c + (c^2 + 4)^{1/2}]/2$$

et

$$\lambda_2 = [-c - (c^2 + 4)^{1/2}]/2,$$

est toujours un col. La variété instable de ce col admet comme espace tangent la direction propre associée à λ_1 d'équation :

$$U - 1 = [-c + (c^2 + 4)^{1/2}]V/2.$$

Comme le système possède un point col, on peut déjà voir l'éventualité d'une connexion homocline sur ce col.

Lemme 12. *Le système ne peut pas présenter de solution homocline.*

Preuve. S'il existait une connexion homocline Γ_0, on aurait :

$$\int_{\Gamma_0} [U'U'' + cU'^2 + U(1-U)U'] = c \int_{\Gamma_0} U'^2 = 0.$$

Ce qui n'est pas possible.   □

Une solution stationnaire ne peut donc que correspondre à une orbite hétérocline reliant $(1,0)$ à $(0,0)$.

Dans le cas où $c \geq 2$ (qui est le seul à analyser pour avoir une solution positive), on considère la droite issue du point $(0,0)$ d'équation

$$V = [-c - (c^2 - 4)^{1/2}]U/2,$$

et le triangle dont les sommets sont les deux points singuliers et le point d'intersection des deux droites.

Lemme 13. *Le champ de vecteurs pointe dans la direction de l'intérieur du triangle en chaque point des côtés du triangle (autres que les points singuliers).*

Preuve. Le produit scalaire du champ de vecteur avec un vecteur normal unitaire aux trois côtés est égal dans chacun des cas à

$$-U + U^2, \dot{V} - [-c + (c^2 - 4)^{1/2}]\dot{U}/2 = U^2, \dot{V} - [-c + (c^2 + 4)^{1/2}]\dot{U}/2 = (U-1)^2.$$

Toutes ces quantités sont positives par hypothèse.   □

Théorème 56. *Il existe une unique onde stationnaire ($u \geq 0$) si et seulement si $c \geq 2$ et elle correspond à une solution hétérocline U telle que*

$$U(-\infty) = 1$$

et

$$U(+\infty) = 0.$$

Preuve. En effet, la seule possibilité pour qu'il existe une solution stationnaire est qu'il existe une solution hétérocline entre les deux points singuliers. Etant donnée la nature des deux points singuliers, elle doit nécessairement partir du point $(1,0)$ et aboutir au point $(0,0)$. Comme il y a unicité de la variété instable du col $(1,0)$, il y a au plus une connexion hétérocline qui est forcément cette variété instable. On peut alors vérifier par un calcul à l'ordre deux que la variété instable est au-dessus de sa tangente et qu'elle entre dans le triangle. La variété instable ne peut quitter le triangle autrement que par le sommet $(0,0)$ et donc elle forme une connexion hétérocline avec ce point.   □

En résumé, on a montré que l'équation de Fisher possède un onde stationnaire si la vitesse est supérieure à un certain seuil $c \geq 2$. La question se pose maintenant de savoir quelles sont les solutions qui peuvent tendre asymptotiquement vers ces solutions stationnaires.

Si on considère des solutions générales, elles peuvent être asymptotiques à une solution stationnaire correspondante à n'importe quelle vitesse c. Le théorème de Kolmogorov-Petrowski-Piskunov établit que pour une classe naturelle de données initiales $u(x,0)$, la solution $u(x,t)$ tend vers la solution onde stationnaire correspondante à $c = 2$.

Théorème 57. *Pour une donnée initiale du type $u(x,0) = u_0(x) \geq 0$ continue telle que : $u_0(x) = 1$ si $x \leq x_1$, $u_0(x) = 0$ si $x \geq x_2$, la solution $u(x,t)$ tend vers la solution stationnaire de vitesse $c = 2$.*

Soit $z = x - 2t$ et $U = U(z) = U(x - 2t)$ la solution stationnaire décrite au paragraphe précédent. On donne la démonstration pour des perturbations petites de la solution stationnaire dans le repère mobile

$$u(x,t) = U(z) + \epsilon v(z,t),$$

suivant celle donnée par [Murray, 1989]. La démonstration dans le cas général passe par des propriétés de croissance du noyau de la chaleur qui sont en dehors du sujet de ce livre. Le lecteur pourra consulter l'article original [Kolmogoroff-Petrowski-Piskunov, 1937].

Preuve. Pour une solution $u(z,t)$ qui ne dépend de la variable x qu'à travers la variable z, on obtient

$$u_t = u(1 - u) + 2u_z + u_{zz}.$$

Si on ne conserve que le premier terme en ϵ, on obtient l'équation suivante pour la perturbation $v(z,t)$

$$v_t = [1 - 2U(z)]v + 2v_z + v_{zz}.$$

On cherche des solutions de la forme

$$v(z,t) = g(z)e^{-\lambda t},$$

ce qui donne

$$g'' + 2g' + [\lambda + 1 - 2U(z)]g = 0.$$

On utilise alors la forme de la perturbation qui implique que la fonction g est à support compact. Il existe donc un L tel que le support de g soit contenu dans l'intervalle $[-L, L]$. On peut poser $g(z) = h(z)e^{-z}$ et il vient

$$h'' + \{\lambda - [2U(z)]\}h = 0.$$

On observe alors que la fonction $[2U(z)]$ est positive. Il résulte de la théorie des opérateurs différentiels du second ordre que la valeur propre λ est nécessairement réelle et positive (l'opérateur $L = \frac{d^2}{dx^2} + V(x)$ est auto-adjoint sur $L^2([-L, L])$). La solution $v(z,t)$ tend donc vers 0 lorsque la variable t tend vers l'infini et la stabilité en résulte. $\square$

6.4 L'équation bistable

L'équation bistable s'écrit :

$$u_t = u_{xx} + u(1 - u)(u - \gamma),\tag{6.13}$$

où γ est un paramètre réel tel que :

$$0 < \gamma < 1.$$

On cherche une solution de (6.13) sous la forme d'une onde stationnaire :

$$u(x, t) = U(x + ct),$$

pour une valeur du paramètre c (vitesse de propagation de l'onde) à déterminer. La nouvelle variable $\xi = x + ct$, dont la solution dépend, représente la coordonnée d'un point qui se déplace à vitesse constante c. Si on substitue l'expression dans (6.13), il vient

$$U_{\xi\xi} - cU_\xi + U(1 - U)(U - \gamma) = 0.\tag{6.14}$$

Cette équation du second ordre peut naturellement être représentée par un système différentiel du plan :

$$U_\xi = V \tag{6.15}$$
$$V_\xi = cV - U(1 - U)(U - \gamma).\tag{6.16}$$

Les points singuliers du système (6.15-16) sont les trois points

$$(0, 0), \ (\gamma, 0), \ et \ (1, 0).$$

La linéarisation du système différentiel (6.15-16) au voisinage des points singuliers donne que les points $(0, 0)$ et $(1, 0)$ sont des cols, tandis que le point $(\gamma, 0)$ est un foyer ou un noeud stable ou instable dépendant du signe de c. En effet pour le premier point $(0, 0)$, on trouve

$$\lambda^2 - c\lambda - \gamma = 0,$$

et,

$$\Delta = c^2 + 4\gamma \geq 0.$$

Le produit des valeurs propres est négatif :

$$\lambda_1 . \lambda_2 = -\gamma < 0,$$

donc $(0, 0)$ est un col.
Pour le point $(0, 1)$, il vient

$$\lambda^2 - c\lambda + \gamma - 1 = 0,$$

et,

$$\Delta = c^2 - 4(\gamma - 1) \geq 0.$$

Le produit des valeurs propres est aussi négatif :

$$\lambda_1.\lambda_2 = \gamma - 1 < 0,$$

et il en résulte que le point $(0, 1)$ est un col.

Pour le dernier point $(0, \gamma)$, on trouve

$$\lambda^2 - c\lambda + \gamma(1 - \gamma) = 0,$$

et,

$$\Delta = c^2 - 4\gamma(1 - \gamma),$$

dont le signe dépend des valeurs de c par rapport à γ. Si Δ est négatif, le point est un foyer, s'il est positif, c'est un noeud.

La stabilité de ce point est déterminée par le signe de

$$\lambda_1 + \lambda_2 = c.$$

Pour fixer les idées, on peut prendre $c > 0$, et dans ce cas le point intermédiaire $(\gamma, 0)$ est instable.

Une onde stationnaire $U(\xi)$ définit un front d'onde si

$$\lim_{\xi \to \infty}(U(\xi))$$

existe. La solution correspondante du système plan associé doit donc être une solution hétérocline qui relie un point singulier à un autre. Cette solution doit partir de $(0, 0)$ avec la variété instable de ce point col. Comme le point intermédiaire $(\gamma, 0)$ est instable, elle ne peut aboutir qu'au point col $(1, 0)$ avec la variété stable de ce point. Pour une valeur donnée de c, il ne peut exister donc qu'au plus une solution stationnaire. On va chercher s'il existe une solution hétérocline entre les deux cols

$$U(-\infty) = 0, \quad U(+\infty) = 1.$$

On cherche une solution du système plan de la forme

$$V = -Bu(u - 1),$$

la substitution dans l'équation donne

$$B^2(2u - 1) - cB - (u - \gamma) = 0.$$

cette expression en u est identiquement nulle si et seulement si :

$$c = \frac{1}{2^{1/2}}(1 - 2\gamma),$$

$$B = 2^{-1/2}.$$

Il s'ensuit que

$$U(\xi) = \frac{1}{2} + \frac{1}{2}\tanh(2^{-3/2}\xi).$$

On montre maintenant que pour toute autre valeur de $c > 0$, il ne peut pas y avoir de connexion hétérocline.

Le système différentiel $(6.15 - 16)$ conduit au système :

$$dV/dU = c - f(U)/V. \tag{6.17}$$

En restriction à l'ensemble $V > 0$, ce système est régulier et le théorème fondamental d'existence et unicité des solutions des systèmes différentiels peut s'y appliquer. On en déduit qu'il existe une unique solution $V = V(U)$ telle que $V(0) = 0$. On remarque alors que U croit strictement tant que $V > 0$. Par ailleurs, il est impossible que V tende vers l'infini pour U tendant vers une valeur finie U_0. En effet, posant $V = W^{-1}$, il vient (équation d'Abel) :

$$W' = -cW^2 + f(U)W^3.$$

Le champ du plan associé

$$W' = -cW^2 + f(U)W^3,$$

$$U' = 1,$$

admet la droite $W = 0$ comme droite invariante. S'il existait une orbite pour laquelle W tendrait vers 0 alors que U tendrait vers une valeur déterminée à distance finie, on aurait forcément un point singulier pour le champ de vecteurs. Ce champ n'a évidemment aucun point singulier à distance finie.

On utilise alors le résultat suivant (voir [Fife, 1979]) :

Proposition 7. *On suppose que $f(U) \leq 0$ pour des valeurs positives petites de U. Soit $V_i(U), i = 1, 2$ deux solutions de (3) correspondantes à deux valeurs $c_1 > c_2$, alors $V_1(U) < V_2(U)$ tant que $V_1(U) > 0, U > 0$.*

Preuve. On a

$$V_1' - V_2' - f(U)(V_1 - V_2)/V_1V_2 = -(c_1 - c_2).$$

Soit donc

$$G(U) = (V_1 - V_2)\exp(-\int_0^U [f(t)/V_1(t)V_2(t)]dt).$$

On obtient

$$G'(U) = (V_1 - V_2)(U)\exp(-\int_0^U [f(t)/V_1(t)V_2(t)]dt),$$

et donc que la fonction $G(U)$ est strictement décroissante.   □

Théorème 58. *Il existe une seule valeur de la vitesse c pour laquelle il existe une solution hétérocline entre les deux points cols.*

Preuve. Comme $G(U) < 0$ pour des petites valeurs de U, il s'ensuit que $G(U) < 0$ partout et donc que $V_1(1) < V_2(1)$.

La direction tangente à la variété instable du col $(0,0)$ est

$$V = \lambda_1 U, \lambda_1 = [c + (c^2 + 4\gamma)^{1/2}]U.$$

La trajectoire hétérocline part donc dans le demi-plan $(U > 0, V > 0)$. D'après ce qui précéde, si c est supérieur à la valeur pour laquelle on a la connexion hétérocline, l'orbite intersecte néccessairement en un point $(1, V(1))$ avec $V(1) > 0$ et il ne peut y avoir de connexion hétérocline. De même si c est inférieur à la valeur pour laquelle on a la connexion hétérocline, l'orbite passe en dessous.   □

Les résultats précédents ont été considèrablement généralisés aux équations de réaction-diffusion du type

$$u_t = \Delta u + f(u),$$

sur R^N. On peut montrer que des solutions ondes stationnaires

$$u(t,x) = U(x.e - ct),$$

$$U(-\infty) = 0, \quad U(+\infty) = 1,$$

existent pour toute vitesse $c \leq c^* = 2\sqrt{f'(0)}$. De plus, toute solution positive qui, à l'instant initial, est non nulle et à support compact, converge vers 1, en temps grand, en s'étendant avec la vitesse asymptotique c^*. On se reportera en particulier à ([Aronson-Weinberger, 1978]). Les travaux actuels s'orientent en particulier vers des modèles à environnement fragmenté représentés par des équations

$$u_t = \text{div}(A(x)\text{grad}u) + f(x,u),$$

où la matrice $A(x)$ et la réaction $f(x,.)$ dépendent périodiquement de la variable spatiale $x \in R^N$ (voir [Beresticky, Hamel, Nadirashvili, 2004], [Roques, 2004]).

6.5 Trains d'ondes stationnaires engendrés par des équations de réaction-diffusion lorsque la dynamique de réaction a un cycle limite

Définition 59. *Une solution train d'onde stationnaire d'une équation aux dérivées partielles d'évolution est une solution $u(x,t) = U(kx - ct)$ qui est périodique en la phase $z = kx - ct$.*

On considère le cas des champs de vecteurs

$$\frac{\partial u}{\partial t} = f(u), u = (u_1, ..., u_n),$$

perturbés par un terme de diffusion à une variable d'espace x :

$$\frac{\partial u}{\partial t} = f(u) + \frac{\partial^2 u}{\partial x^2}. \tag{6.18}$$

On cherche si l'équation (6.18) admet un train d'onde stationnaire. On pose donc $u(x,t) = U(kx - ct)$ et on cherche si l'équation :

$$k^2 U'' + cU' + f(U) = 0$$

admet un cycle limite.

On va traiter complètement un exemple. Il consiste à prendre un système dans la forme normale de Birkhoff :

$$\frac{\partial u}{\partial t} = A(r).u + \frac{\partial^2 u}{\partial x^2}, u = (u_1, u_2),$$

où $A(r)$ est la matrice 2x2 :

$$A(r) = \begin{pmatrix} \lambda(r) & -\omega(r) \\ \omega(r) & \lambda(r) \end{pmatrix} \tag{6.19}$$

et $r^2 = u_1^2 + u_2^2$. Si on change les variables (u_1, u_2) en les variables polaires associées :

$$u_1 = r\cos(\theta), u_2 = r\sin(\theta),$$

il vient

$$r_t = r\lambda(r) + r_{xx} - r\theta_x^2,$$
$$\theta_t = \omega(r) + r^{-2}(r^2\theta_x)_x.$$

Si la fonction $r \mapsto \lambda(r)$ présente un zéro isolé en $r = r_0$ tel que $\lambda'(r_0) < 0$, et si $\omega(r_0) \neq 0$, le champ de vecteurs possède un cycle limite stable donné par $r = r_0$. On peut alors constater que l'équation aux dérivées partielles admet la solution train d'ondes stationnaires paramétrée par $r = \alpha$:

$$u_1 = \alpha\cos[\lambda(\alpha)^{1/2}x - \omega(\alpha)t],$$
$$u_2 = \alpha\sin[\lambda(\alpha)^{1/2}x - \omega(\alpha)t].$$

Ce résultat peut se généraliser au voisinage de toute bifurcation de Hopf pour laquelle on peut utiliser la forme normale comme modèle local [Howard-Kopell, 1977]. On peut aussi facilement montrer dans ce cas une propriété de stabilité linéaire de cette solution train d'onde stationnaire [Murray, 1989]. Dans [Murray, 1989] , on établit l'existence de tels trains d'ondes, au voisinage de n'importe quel cycle limite, pour une équation de réaction-diffusion dont la dynamique de réaction est un champ du plan qui a un cycle limite hyperbolique.

Problèmes

6.1. Le 1-soliton de l'équation de Korteweg-de-Vries
On reprend l'équation de Korteweg-de-Vries (normalisée après un changement d'échelle) :
$$u_t = u_{xxx} - 6uu_x.$$

1- Montrer qu'il existe une solution onde solitaire.

2- Donner explicitement son expression au moyen des fonctions elliptiques.

6.2. L'équation de sine-Gordon
L'équation de sine-Gordon est :

$$u_{tt} = u_{xx} + \sin(u).$$

Elle s'obtient donc très naturellement en ajoutant un terme de diffusion au système du pendule.

1- Chercher une solution onde stationnaire pour l'équation de sine-Gordon.

Pour de faibles valeurs de u, on obtient

$$u_{tt} = u_{xx} + u - u^3/6.$$

2- Exprimer pour cette équation limite une onde stationnaire au moyen des fonctions elliptiques.

6.3. L'équation de la chaleur et l'équation de Burgers
1- Montrer que l'équation de Burgers avec diffusion

$$\frac{\partial u}{\partial t} + ku\frac{\partial u}{\partial x} = \frac{\partial^2 u}{\partial x^2},$$

se ramène à l'équation de la chaleur au moyen de la transformation de Hopf-Cole :

$$u(x,t) = -\frac{2Z'_x}{kZ}.$$

2- Chercher si l'équation de Burgers avec diffusion admet des solutions ondes stationnaires.

6.4. Ondes de phases dans les oscillateurs couplés par plus proches voisins

On suppose que chaque oscillateur est couplé à son plus proche voisin :

$$\frac{du_i}{dt} = F_i(u_i) + \epsilon(u_{i+1} - u_i) + \epsilon(u_{i-1} - u_i), i = 1, ..., n,$$

avec la convention que $u_{n+1} = u_0 = 0$.

1- Montrer qu'on obtient dans ce cas une équation pour les différences de phases consécutives $\phi_i = \delta\theta_{i+1} - \delta\theta_i$ de la forme :

$$\frac{d\phi_i}{d\tau} = [\Delta_i + h(\phi_{i+1}) + h(-\phi_i) - h(\phi_i) - h(-\phi_{i-1})] + O(\epsilon^2).$$

2- Vérifier que si on suppose que la fonction h est impaire, il vient

$$\dot{\phi} = \Delta + KH(\phi),$$

où $\Delta = (\Delta_1, ..., \Delta_n)$ et $H(\phi) = h(\phi_1), ..., h(\phi_n)$ sont des matrices diagonales et où la matrice K est tridiagonale avec des -2 sur la diagonale et des 1 en sur-diagonale et sous-diagonale.

L'équation correspondante aux positions d'équilibre est donc de la forme

$$\Delta + KH(\phi) = 0.$$

Pour avoir une onde de phase, il est nécessaire d'avoir un accrochage des phases mais en plus que toutes les différences de phases soit égales. Dans cette exemple, si on veut que $\phi_1 = ... = \phi_n$, posant $\eta = h(\phi_i)$, il est nécessaire de choisir les décalages de fréquences Δ de la manière suivante

$$\Delta_1 = \eta, \Delta_n = -\eta, \Delta_i = 0, i = 2, ..., n - 2.$$

6.5. Le système de Lotka-Volterra avec diffusion

On considère le système d'équations aux dérivées partielles

$$u_t = u(1 - v) + D\nabla^2 u, \quad v_t = av(u - 1) + D\nabla^2 v,$$

avec des données u, v, définies sur $\Omega \times (0, T]$ (Ω est un domaine relativement compact) et des conditions aux limites de flux nul au bord :

$$\frac{\partial u}{\partial n}(x,t) = \frac{\partial v}{\partial n}(x,t) = 0.$$

On définit la fonction intégrale première du système sans diffusion :

$$s = a(u - \log u) + v - \log v.$$

1- Montrer que

$$s_t - D\nabla^2 s = -aD \mid \nabla u \mid^2 /u^2 - D \mid \nabla v \mid^2 /v^2 \leq 0.$$

On considère

$$S(t) = \int_\Omega s(x, t) dx.$$

2- Montrer que

$$\dot{S}(t) = -D \int_\Omega (aD \mid \nabla u \mid^2 /u^2 + D \mid \nabla v \mid^2 /v^2) dx.$$

Comme S est monotone non décroissante, elle tend soit vers $-\infty$ soit vers une limite finie lorsque $t \to \infty$.

3- Vérifier que

$$s(x, t) \geq (a + 1),$$

et donc que S tend vers une limite finie lorsque $t \to \infty$.

4- En déduire que :

$$\dot{S}(t) = -D \int_\Omega (aD \mid \nabla u \mid^2 /u^2 + D \mid \nabla v \mid^2 /v^2) dx \to 0,$$

et que donc u et v tendent vers des états spatialement uniformes.

Ce théorème est dû à Murray [Murray, 1975]. Il montre que le système de Lotka-Volterra avec diffusion ne peut pas décrire le phénomène de constitution des niches écologiques.

6.6. Le système de Kermack-McKendrick avec diffusion

Il s'agit d'un modèle épidémiologique. Une population de N individus est composée de I individus infectés, de S individus sains susceptibles d'être infectés et de R individus qui sont soit immunisés soit déjà morts. On suppose que la classe des infectés décroît de façon proportionnelle au produit des deux classes I et S :

$$\dot{S} = -\beta IS.$$

On suppose que le nombre d'infectés décroît exponentiellement et croît de manière symétrique avec les nouveaux cas :

$$\dot{I} = \beta IS - \gamma I,$$

et on complète de façon à ce que $I + R + S = N$ soit constant :

$$\dot{R} = \gamma I.$$

1- Montrer que :

$$G(S, I) = (\beta/\gamma)S - \log S + (\beta/\gamma)I$$

est une intégrale première du système.

Par la suite, [Kallèn et al, 1985] ont proposé pour décrire la propagation spatiale d'une épidémie d'ajouter un effet diffusif sur la population infectée et de considérer le système

$$\dot{S} = -\beta I S.$$
$$\dot{I} = \beta I S - \gamma I + D\nabla^2 I.$$

Le système peut s'écrire plus simplement sous la forme :

$$\dot{u} = -uv, \quad \dot{v} = uv - rv + \nabla^2 v.$$

On cherche s'il existe des ondes solitaires :

$$u = u(x + ct), \quad v = v(x + ct).$$

2- Montrer que leur recherche se ramène aux équations

$$cu' = -uv, \quad cv' = uv - rv + v'',$$

et donc à trouver des connexions hétéroclines pour le champ de vecteurs de R^3 :

$$\dot{u} = -uv/c$$
$$\dot{v} = w$$
$$\dot{w} = -uv + rv + cw,$$

telles que

$$u(-\infty) = 1, \quad v(\pm\infty) = 0, \quad w(\pm\infty) = 0.$$

3- Montrer que le système admet la fonction :

$$h(u, v, w) = u - r\log u + v - w/c,$$

comme intégrale première.

On restreint le système à l'ensemble défini par $h = 1$ qui contient la connexion hétérocline.

4- Vérifier que le système restreint peut s'écrire :

$$u' = -uv/c, \quad v' = -c(1 - u + r\log u - v).$$

5- On suppose que $r < 1$. Montrer que le système a deux points singuliers $(1, 0)$ et $(1, a)$:

$$a - r\log a = 1.$$

6- Vérifier qu'il existe une connexion hétérocline si

$$c \geq 2\sqrt{1 - r}.$$

Electrophysiologie, synchronisation et oscillations en salves

Dans ce chapitre, on a d'abord voulu évoquer la révolution scientifique de la physiologie contemporaine qui s'est organisée autour de l'approche de Hodgkin-Huxley [Hodgkin-Huxley, 1952],[Bardou *et al.*, 1996]. Il s'agit juste d'un survol qui motivera peut-être le lecteur à approfondir les développements nombreux qui se font encore actuellement.

7.1 L'électrophysiologie de l'axone, le potentiel membranaire et les canaux ioniques, la forme du potentiel d'action et sa propagation

L'électrophysiologie moderne commence en 1913 avec le premier enregistrement d'électrocardiographe par Einthoven avec le galvanomètre à ressort de Adler. Les microélectrodes en verre de Ling et Gérard permettent à la fin des années 30 l'enregistrement de la différence instantanée de potentiel entre les niveaux intracellulaires et extracellulaires. Un potentiel membranaire, dû à une différence de concentration ionique intérieure $[K]_i$ et extérieure $[K]_e$, est donné par la loi de Nernst

$$V = \frac{RT}{nF} \ln \frac{[K]_e}{[K]_i}.$$

Parmi les travaux précurseurs, on peut citer ceux de Lapicque avec le modèle "intégre-et-tir", déjà mentionné dans l'exercice (5-4).

Ce modèle est représenté par un circuit électrique composé d'une capacité C et d'une résistance R montées en série. On note $\tau = RC$ la constante de temps associée. Le potentiel électrique du neurone $v(t)$ est décrit par une équation :

$$\tau \frac{dv}{dt} = v(t) + RI(t),$$

avec un potentiel $v(t)$ tel que pour une valeur de seuil t_f, on ait $v(t_f) = v_s$ et un courant de remise à zéro : $I(t) = -A\delta(t - t_f)$. On a l'expression explicite du potentiel

$$v(t) = v_s\exp(\frac{t - t_f}{\tau}) - \int_0^t A\exp(\frac{t - s}{\tau})I(s)ds.$$

Ce modèle permet d'expliquer la forme du potentiel d'action. En effet l'intégrale est nulle pour $t < t_f$ et donc le potentiel croît d'une certaine valeur initiale $v_0 = v_s\exp(-\frac{t_f}{\tau})$ jusqu'à v_s, puis il chute brutalement à une autre valeur (qui peut être v_0) et ensuite croît à nouveau exponentiellement. Si on prend pour intensité une somme de fonctions de Dirac, on obtient pour le potentiel une suite de pics de potentiels d'action.

L'approche de Hodgkin et Huxley se fonde sur des résultats expérimentaux obtenus pour l'axone géant du calmar [Hodgkin-Huxley, 1952]. Hodgkin et Huxley partent de l'idée que le potentiel d'action résulte de courants trans-membranaires principalement constitués d'ion Sodium Na^+ (responsables de la dépolarisation) et Potassium K^+ (responsables de la repolarisation). Le bilan des mouvements de charges électriques est donné par l'équation

$$I = C_m\frac{dV}{dt} + I_{Na} + I_K + I_f,$$

où I est le courant membranaire total, C_m est la capacité de la membrane par unité de surface, V est la différence de potentiel de la membrane par rapport à sa valeur d'équilibre, I_{Na} est le courant sodique et I_K le courant potassique, I_f est un courant dit de fuite et qui prend en compte d'autre type d'ions en particulier des ions chlorites. Ces trois courants suivent des équations

$$I_{Na} = g_{Na}(V - V_{Na}),$$

$$I_K = g_K(V - V_K),$$

$$I_f = \overline{g}_f(V - V_f),$$

où V_{Na}, V_K, V_f sont les potentiels d'équilibre des ions correspondants donnés par la loi de Nernst, $g_{Na}, g_K, \overline{g}_f$, sont les conductances de la membrane pour les différents types d'ions. Les résultats expérimentaux conduisent Hodgkin et Huxley à supposer que $V_{Na}, V_K, V_f, \overline{g}_f$ sont des constantes tandis que g_{Na} et g_K varient en fonction du temps et en fonction de V. Le dispositif expérimental permet de mesurer la dépendance des conductances en fonction de V et du temps t et conduit à poser

$$g_K = \overline{g}_K.n^4,$$

$$g_{Na} = \overline{g}_{Na}.m^3.h,$$

où la fonction $n(t)$ est appelée la fonction d'activation du potassium, la fonction $m(t)$ est la fonction d'activation du sodium et $h(t)$ mesure l'inactivation du courant sodique. Ces trois fonctions sont des solutions des équations :

$$\frac{dm}{dt} = \alpha_m(1 - m) - \beta_m m, \tag{7.1}$$

$$\frac{dn}{dt} = \alpha_n(1 - n) - \beta_n n, \tag{7.2}$$

$$\frac{dh}{dt} = \alpha_h(1 - h) - \beta_h h. \tag{7.3}$$

Une autre façon décrire ces équations (7.1-2-3)

$$\frac{dg}{dt} = \alpha(V)(1 - g) - \beta(V)g,$$

est :

$$\tau_\infty(V)\frac{dg}{dt} = g_\infty(V) - g,$$

où $g_\infty(V) = \alpha/(\alpha+\beta)$ est la valeur de g à l'équilibre et $\tau_\infty(V) = 1/(\alpha+\beta)$ est la constante de temps d'approche de cet équilibre.

Hodgkin et Huxley ajustent la dépendance des α et β en fonction de leurs résultats expérimentaux et proposent :

$$\alpha_m = 0.1\frac{25 - \nu}{\exp(\frac{25-\nu}{10}) - 1}$$

$$\beta_m = 4\exp(\frac{-\nu}{18})$$

$$\alpha_h = 0.07\exp(\frac{-\nu}{20})$$

$$\beta_h = \frac{1}{\exp(\frac{30-\nu}{10}) + 1}$$

$$\alpha_n = 0.01\frac{10 - \nu}{\exp(\frac{10-\nu}{10}) - 1}$$

$$\beta_n = 0.125\exp(\frac{-\nu}{80}).$$

Les constantes qui interviennent dans ces équations sont $\overline{g}_{Na} = 120, \overline{g}_K = 36, \overline{g}_L = 0.3$ avec des potentiels d'équilibre $V_{Na} = 115, V_K = -12, V_f = 10.6$.

Un premier succès des équations est de pouvoir, à partir des données expérimentales fournies prédire la forme du potentiel d'action et proposer un mécanisme pour sa formation. Si le potentiel V est légérement élevé au-dessus de la valeur d'équilibre par un courant appliqué à l'axone, il revient à l'équilibre. Si l'excitation extérieure est plus forte au delà d'un certain seuil, l'activation du sodium m contribue à augmenter le potentiel jusqu'à un maximum puis entrent en jeu à la fois l'activation du potassium h et la désactivation du sodium n qui ramènent le potentiel en-dessous de sa position d'équilibre.

En-dessous de la valeur d'équilibre, n décroit et le potentiel revient à sa position d'équilibre permettant au processus de recommencer.

L'autre contribution importante consiste à proposer un mécanisme pour la propagation du potentiel d'action le long de l'axone. Pour cela, Hodgkin et Huxley assimilent l'axone à un cable. On décompose le courant en un courant i_m (courant transverse au cable) et i_a (courant axial). Dans une tranche du cable comprise entre x et $x + dx$, on a

$$i_a(x + dx) - i_a(x) = -i_m,$$

ce qui conduit à

$$i_m = -\frac{\partial i_a}{\partial x}.$$

De même dans une telle tranche, on a :

$$V(x + dx) - V(x) = -r i_a,$$

qui conduit à

$$\frac{\partial V}{\partial x} = -r i_a.$$

Ceci donne le courant transverse

$$i_m = \frac{a}{2R} \frac{\partial^2 V}{\partial x^2},$$

où a est le rayon du cable et R la résistance. Hodgkin et Huxley écrivent donc que le courant transverse i_m doit être égal au courant total membranaire et obtiennent l'équation aux dérivées partielles :

$$\frac{a}{2R} \frac{\partial^2 V}{\partial x^2} = C_m \frac{\partial V}{\partial t} + \overline{g}_K.n^4(V - V_K) + \overline{g}_{Na}.m^3.h(V - V_{Na}) + \overline{g}_f(V - V_f), \quad (7.4)$$

qui joint au système différentiel $(7.1 - 2 - 3)$ constituent ce qu'on appelle les équations de Hodgkin-Huxley.

On peut en chercher des solutions stationnaires $u(x, t) = U(x - ct)$ qui sont des ondes solitaires $(U(X) \to 0, |X| \to \infty)$. Ceci conduit à établir l'existence de solutions U de ce type pour le système différentiel

$$\frac{a}{2R} U'' = -cC_m U' + \overline{g}_K.n^4(U - V_K) + \overline{g}_{Na}.m^3.h(U - V_{Na}) + \overline{g}_f(U - V_f),$$
$$(7.5)$$

$$\frac{dm}{dt} = \alpha_m(1 - m) - \beta_m m, \quad (7.6)$$

$$\frac{dn}{dt} = \alpha_n(1 - n) - \beta_n n, \quad (7.7)$$

$$\frac{dh}{dt} = \alpha_h(1 - h) - \beta_h h. \quad (7.8)$$

Hodgkin et Huxley établirent par simulation numérique l'existence d'une connexion homocline pour une certaine valeur de la vitesse de propagation c de l'onde stationnaire U. Cette valeur est très proche de ce qu'on peut mesurer expérimentalement. Il est donc remarquable qu'en rentrant uniquement les données de mesures des conductances, le modèle fournisse la prévision théorique de la vitesse de propagation du potentiel d'action.

7.2 Le système de FitzHugh-Nagumo et les équations de Hodgkin-Huxley

Lorsqu'on ne retient que la variation temporelle du potentiel d'action, on obtient les équations suivantes :

$$C_m \frac{d\nu}{dt} = -g_K n^4 (\nu - \nu_K) - g_{Na} m^3 h (\nu - \nu_{Na}) - g_L (\nu - \nu_L) + I_{app}, \quad (7.9)$$

$$\frac{dm}{dt} = \alpha_m (1 - m) - \beta_m m, \quad (7.10)$$

$$\frac{dn}{dt} = \alpha_n (1 - n) - \beta_n n, \quad (7.11)$$

$$\frac{dh}{dt} = \alpha_h (1 - h) - \beta_h h. \quad (7.12)$$

La variable ν mesure l'écart du potentiel par rapport à la valeur d'équilibre $\nu = V - V_{eq}$.

L'analyse de FitzHugh se base sur une réduction possible des équations de Hodgkin-Huxley. On suppose que $m = m_\infty(\nu)$, donc que l'activation du sodium se fait à une échelle de temps beaucoup plus rapide que la réponse du voltage. Puis on observe que la somme des deux variables h et n est à peu près constante au cours du potentiel d'action : $h + n = 0.8$. Avec ces simplifications, le système de Hodkin-Huxley se réduit à une dynamique lente-rapide du plan

$$-C_m \frac{d\nu}{dt} = g_K n^4 (\nu - \nu_K) + g_{Na} m^3 (0.8 - n)(\nu - \nu_{Na}) + g_L (\nu - \nu_L), \quad (7.13)$$

$$\frac{dn}{dt} = \alpha_n (1 - n) - \beta_n n. \quad (7.14)$$

La première composante de ce champ de vecteurs se révèle de forme cubique. La deuxième est approximativement linéaire. Il y a aussi une différence importante d'échelle de temps entre l'évolution des deux variables. Le modèle se comporte ainsi qualitativement comme une équation de FitzHugh-Nagumo

$$\epsilon \dot{x} = -y + 4x - x^3, \quad (7.15)$$

$$\dot{y} = x - by - c. \quad (7.16)$$

7.3 L'électrophysiologie cardiaque, le noeud sinusal, les fibres de His, les ventricules

L'objectif de cette partie est de faire comprendre comment la théorie des oscillateurs faiblement couplés peut s'appliquer à la modélisation de la formation du rythme cardiaque dans le noeud sinusal. On donne un aperçu de quelques autres problèmes mathématiques posés par la modélisation du fonctionnement cardiaque.

Les cellules cardiaques (cardiomyocites) ont deux caractéristiques distinctes ; elles sont à la fois excitables et contractiles. Comme elles sont excitables, elles peuvent faire naître un potentiel d'action et le faire propager. Ce potentiel d'action propage l'ordre aux cellules de se contracter et ainsi s'initie le pompage du sang par le muscle cardiaque. L'activité électrique du coeur naît d'une assemblée d'oscillateurs constituée du noeud sinusal situé juste en dessous de la veine cave supérieure. Le potentiel d'action créé par le noeud sinusal se propage ensuite à travers les oreillettes via les voies internodales. Les oreillettes et les ventricules sont séparés par un septum composé de cellules non excitables qui agit comme un isolant et qui empêche le passage du potentiel d'action. Le seul chemin qu'il peut suivre est à travers le noeud auriculo-ventriculaire localisé à la base de l'oreillette. Le noeud auriculo-ventriculaire est aussi un pacemaker (au sens où il engendre un rythme) mais dont l'activité oscillante peut être observée seulement en cas de déficience de l'activité du noeud sinusal. Les deux contractions localisées dans le noeud sinusal (SA) et dans le noeud auriculo-ventriculaire (NAV) dans le coeur humain sont décalés de 0.08 s à 0.12 s. Une interprétation classique suggère que le noeud (NAV) est un élément passif qui ne fait que transmettre, en l'amplifiant, le signal initié par le noeud sinusal. Un autre point de vue, déjà développé dans [Van der Pol-Van der Mark, 1928] est au contraire de considérer les deux pacemakers comme des oscillateurs indépendants.

La conduction dans le noeud auriculo-ventriculaire est très lente mais quand le potentiel d'action sort du noeud (NAV), il se propage à grande vitesse jusqu'aux fibres de Purkinje à travers le faisceau de His. Le réseau des fibres de Purkinje se ramifie comme un arbre à l'intérieur des ventricules.

Pour les cardiomyocites, le potentiel d'action enregistré par une microélectrode intracellulaire se décompose en 4 phases. Le potentiel d'équilibre est d'environ -90 mV. Il y a une forte dépolarisation membranaire (jusqu'à +20 mV) dûe à l'entrée d'ions Na^+ dans la cellule. Cette dépolarisation provoque l'ouverture des canaux potassiques et un flux sortant des ions K^+ qui donne à son tour une petite repolarisation. Après un certain délai, il y a ouverture des canaux calciques. L'équilibre entre la sortie des ions potassium et l'entrée des ions calcium produit un plateau. Puis les canaux calciques se ferment et la sortie des ions potassiques permet un retour au potentiel de repos.

Le potentiel de repos d'une cellule sinusale est de -65 mV. Pour ces cellules, les courants calciques sont responsables de la dépolarisation et les courants potassiques de la repolarisation. Une entrée lente d'ions sodium dans la cellule produit un courant appelé courant *funny* et ramène le potentiel de membrane au seuil où se déclenche le potentiel d'action. Cette cellule peut engendrer une oscillation autonome. Le battement cardiaque se forme avec l'activité autonome des cellules du noeud sinusal.

En général les cellules du noeud sinusal s'autoexcitent à la fréquence de 70 à 80 fois par minutes. Les cellules du noeud auriculo-ventriculaire ont une fréquence d'environ 40 à 60 fois par minute. Les cellules du réseau de Purkinje sont aussi susceptibles d'osciller à la fréquence de 20 à 40 fois par minutes.

7.4 L'approche phénoménologique de Noble pour les fibres de Purkinje

Le premier modèle proposé pour décrire le potentiel d'action des cellules cardiaques a été créé par [Noble, 1962] pour les fibres de Purkinje. L'intention initiale était de rendre compte du potentiel d'action d'une fibre de Purkinje avec un modèle du type de Hodgkin-Huxley. Dans le modèle de Noble, il y a trois courants : un courant sodique entrant, un courant potassique sortant et un courant de fuite de type chloride. Les trois courants ioniques sont supposés satisfaire des relations linéaires

$$I = g(V - V_{eq}).$$

Suivant la formulation de Hodgkin-Huxley, l'équilibre des courants transmembranaires s'exprime par la relation de conservation

$$C_m dV/dt + g_{Na}(V - V_{Na}) + (g_{K_1} + g_{K_2})(V - V_K) = I_{app},$$

Le modèle de Noble suppose l'existence de deux types de canaux potassiques. Un pour lequel

$$g_{K_2} = 1.2n^4,$$

et l'autre pour lequel

$$g_{K_1} = 1.2\exp(-\frac{V + 90}{50}) + 0.015\exp(-\frac{V + 90}{60}).$$

La conductance pour le canal sodique est donnée par

$$g_{Na} = 400m^3h + 0.14.$$

La dépendance des variables m, n, h est de la forme

$$w' = \alpha_w(1 - w) - \beta_w w,$$

où $w = m, n, h$ et les fonctions α_w et β_w

sont de la forme

$$[C_1\exp(C_2(V - V_0)) + C_3(V - V_0)]/[1 + C_4\exp(C_5(V - V_0))].$$

La forme du potentiel d'action obtenue avec ce modèle présente d'abord un pic dû à un courant sodique rapide (entrée d'ions Na^+ dans la cellule), suivi d'un plateau durant lequel le courant potassique contrebalance le courant sodique (sortie des ions K^+ qui graduellement fait revenir à la repolarisation). Un petit courant sodique de fuite, appelé courant pacemaker fait enfin remonter lentement le potentiel permettant de réinitialiser un autre potentiel d'action et le tout se reproduit périodiquement. Il n'est pas possible d'approximer le modèle de Noble par un système plan. Mais une bonne approximation s'obtient en posant $m = m_\infty(V)$ et conduit à un champ de vecteurs de dimension trois.

Le modèle de Noble n'est pas réaliste d'un point de vue physiologique car il ne tient pas compte du courant calcique. Mais néanmoins, les caractéristiques essentielles du potentiel d'action sont bien décrites par le modèle de Noble.

7.5 Le modèle de Yanagihara-Noma-Irizawa pour le noeud sinusal

La même démarche peut être faite pour décrire le potentiel d'action d'une cellule du noeud sinusal qui initie le battement cardiaque. Le modèle le plus utilisé est dû à [Yanagihara-Noma-Irizawa, 1980]. Le modèle YNI s'appuie sur l'intervention de quatre courants indépendants. Un courant sodique rapide I_{Na} entrant et un courant potassique I_K analogues à ceux de Hodgkin-Huxley sont complétés par un courant entrant lent I_s et un courant retardé entrant activé par une hyperpolarisation I_h. Il y a aussi un courant de fuite indépendant du temps. Ceci conduit au bilan de charges électriques

$$C_m\frac{dV}{dt} + I_{Na} + I_K + I_s + I_h + I_l = I_{app},$$

et aux données phénomènologiques

$$I_{Na} = 0.5m^3 h(V - 30),$$

$$I_K = 0.7p\frac{\exp[0.0277(V + 90)] - 1}{\exp[0.0277(V + 40)]},$$

$$I_l = 0.8[1 - \exp(-\frac{V + 60}{20})],$$

$$I_s = 12.5(0.95d + 0.05)(0.95f + 0.05)[\exp(\frac{V - 10}{15}) - 1],$$

$$I_h = 0.4q(V + 45).$$

Les six variables de "portes" m, h, p, d, f, q satisfont des équations différentielles linéaires du type déjà écrit dans l'approche de Hodgkin-Huxley. Le potentiel d'action produit par ces équations est périodique en temps. La solution peut très bien s'approcher par un système plan du type FitzHugh-Nagumo, dont les paramètres sont ajustés en sorte qu'il y ait un cycle limite stable.

7.6 L'initialisation du rythme cardiaque dans le noeud sinusal

On utilise l'approche mathématique des oscillateurs faiblement couplés présentée au chapitre 5.

Le modèle reprend pour une cellule les équations de [Yanagihara-Noma-Irisawa, 1980] qui sont bien approchées par un oscillateur de FitzHugh-Nagumo :

$$\epsilon \dot{x} = -y + f(x),$$

$$\dot{y} = y - \gamma x,$$

ajusté pour les valeurs

$$f(x) = x(1 - x)(x - \alpha),$$

$$\alpha = -0.05, \epsilon = 0.02, \gamma = -0.6.$$

On désigne donc par

$$\frac{dX_i}{dt} = F(X_i), i = 1, ..., N,$$

la donnée de N oscillateurs de ce type. On commence par ajouter un premier terme qui tient compte de la déviation de la dynamique de chaque cellule par rapport "à la moyenne" :

$$\frac{dX_i}{dt} = F(X_i) + \epsilon G_i(X_i), i = 1, ..., N.$$

Puis on couple les cellules entre elles par une jonction résistive en supposant les cellules isopotentielles ainsi que le milieu extracellulaire

$$\frac{dX_i}{dt} = F(X_i) + \epsilon G_i(X_i) + \epsilon D \sum_j d_{ij}(X_i - X_j), i = 1, ..., N.$$

On suppose que le couplage est symétrique :

$$d_{ij} - d_{ji}, d_{ii} - 0.$$

L'hypothèse que le couplage est faible semble raisonnable car la vitesse de propagation dans le noeud sinusal est très lente (2-5cm/s) comparée à celle dans le tissue myocardique (50 cm/s) et à celle dans les fibres de Purkinje (100 cm/s).

On applique alors la méthode présentée dans le chapitre 5 qui conduit à l'expression sur le déphasage des oscillateurs :

$$\frac{d\delta\theta_i}{dt} = \xi_i - \Omega_1 + \sum_{i \neq j} d_{ij}[h(\delta_j - \delta_i) - h(0)].$$

Par ailleurs, les différences de temps entre les potentiels d'action des cellules du noeud sinusal sont de l'ordre de quelques millisecondes par rapport à la période du battement cardiaque de l'ordre de la seconde. On peut donc légitimement remplacer $[h(\delta_j - \delta_i) - h(0)]$ par $h'(0)(\delta_j - \delta_i)$ et obtenir :

$$\sum_j d_{ij} h'(0)(\delta\theta_j - \delta\theta_i) = \Omega_1 - \xi_i.$$

On peut écrire cette équation sous forme matricielle :

$$A\Phi = \frac{1}{h'(0)}(\overline{\Omega}_1 - \overline{\xi}), \tag{7.17}$$

avec pour éléments de la matrice A :

$$a_{ij} = d_{ij}, i \neq j, a_{ii} = -\sum_{j \neq i} a_{ij}.$$

La matrice A a un noyau qui est non nul, comme le second membre de l'équation (7.17) doit appartenir à l'image de A, ceci conduit à :

$$\Omega_1 = \frac{1}{N} \sum_i \xi_i.$$

Donc la fréquence du battement cardiaque se forme comme la moyenne des fréquences de tout les oscillateurs individuels. Quelque soit l'intensité du couplage, la formation du battement cardiaque est donc faite sur le principe démocratique de l'égalité de tous les oscillateurs.

On peut ensuite observer que le fait que les éléments non diagonaux de A sont positifs, joint au fait que la somme des éléments de A par ligne est nulle implique que toutes les valeurs propres non nulles de A sont de partie réelle négative. Comme A est symétrique, il existe une base de vecteurs propres $y_k, \quad k = 1, ..., n$.

Il est naturel de supposer que la matrice de couplage est irréductible dans le sens où toutes les cellules sont effectivement connectées entres elles et qu'il n'existe pas de sous-groupe de cellules fonctionnant de manière isolée. Ceci implique que le sous-espace correspondant à la valeur propre nulle est de dimension 1 engendré par le vecteur constant y_1. On obtient ainsi une expression de Φ :

$$\Phi = -\frac{1}{h'(0)} \sum_{k \neq 1} (\xi, y_k) \frac{y_k}{\lambda_k}. \tag{7.18}$$

Cette expression permet de comprendre l'ordre dans lequel les cellules émettent le potentiel d'action. La suite des déphasages est une superposition des vecteurs propres y_k pondérés par le facteur $\lambda_k^{-1}(\xi, y_k)$. Les vecteurs prépondérants sont donc ceux pour lesquels ce coefficient est important.

L'expression (7.18) est une espèce de filtre qui supprime ou sélectionne des composantes de ξ. Il s'ensuit une régulation du signal. En particulier ce n'est pas la cellule qui a la plus haute fréquence naturelle ξ qui entraîne toutes les autres (comme dans des oscillations d'entrainement).

7.7 Arythmies du noeud auriculo-ventriculaire et applications du cercle

La propagation dans le noeud auriculo-ventriculaire est très lente en comparaison de la propagation dans d'autre type de cellules cardiaques. Ce ralentissement est lié à une moindre densité de canaux sodiques. Cette moindre densité des canaux sodiques augmentent la possibilité de défaillance de la conduction électrique.

Une description mathématique assez simple du traitement du signal par les cellules du noeud auriculo-ventriculaire s'appuie sur les applications du cercle (cf. [Keener, 1980]).

On voit le noeud auriculo-ventriculaire comme une assemblée de cellules qui se déchargent quand elles sont excitées. Ceci se produit si leur potentiel d'action atteint un certain seuil. Les cellules du noeud auriculo-ventriculaire ont aussi la propriété d'avoir un rythme propre et de se décharger sans aucun stimulus extérieur avec une certaine fréquence (30-40 par minutes). Le noeud auriculo-ventriculaire est soumis à l'excitation périodique $\phi(t)$ du signal émis par le noeud sinusal. A l'instant t_n de la décharge, la valeur $\phi(t_n)$ est égale à la valeur seuil d'excitabilité : $e(t_n)$. Après la décharge, la cellule du noeud auriculo-ventriculaire devient réfractaire et elle ne peut pas s'exciter pendant une certaine période. On peut représenter ce fait en exprimant que la valeur du seuil passe brutalement à une valeur plus haute puis décroit exponentiellement vers la valeur initiale :

$$e(t) = e_0 + [e(t_n^+) - e_0]e^{-\gamma(t-t_n)}.$$

La valeur du seuil après la décharge $e(t_n^+)$ a une mémoire de la valeur du seuil avant la décharge et le plus simple est de supposer que la différence entre les deux est constante

$$e(t_n^+) = e(t_n^-) + \Delta e.$$

Le prochain temps de décharge est donc donné par

$$\phi(t_{n+1}) = e_0 + [e(t_n^+) - e_0]e^{-\gamma(t-n+1-t_n)}.$$

On peut écrire cette équation comme

$$F(t_{n+1}) = G(t_n),$$

avec

$$F(t) = (\phi(t) - e_0)e^{\gamma t},$$

et

$$G(t) = F(t) + \Delta e e^{\gamma t}.$$

L'application $t_n \mapsto t_{n+1}$ peut s'interpréter comme un relevé d'une application du cercle :

$$F(x + 1) = F(x) + 1.$$

Cette application du cercle n'est pas continue. Elle n'est pas surjective non plus car pour que t soit un temps de décharge possible, il faut que $F(t)$ atteigne au moins le seuil et en ce point, on a $F'(t) > 0$. On peut vérifier que G est décroissante pour les valeurs de t pour lesquelles F est croissante.

Dans [Keener, 1980], Keener montre que les propriétés du nombre de rotation présentées dans ce livre au paragraphe 5.10 restent valables dans le contexte ci-dessus.

7.8 Quelques modèles physiologiques présentant des oscillations en salves

Les premiers travaux sur les oscillations en salves apparaissent chez [Arvanitaki, 1939]. On doit aux physiologistes français [Arvanitaki-Chalozonitis, 1955], [Fessard, 1936] la découverte des neurones géants de l'Aplysie ("liévre de mer") dont certains mesurent $0.8mm$ de diamètre. En particulier le neurone Br qui fût par la suite baptisé neurone R15 par les chercheurs américains présente des oscillations en salves qui ont été étudiées pour la première fois par [Arvanitaki-Chalozonitis, 1955]. Ces recherches ont été à la base des travaux de E. Kandel couronnés par le prix Nobel de physiologie en 2000. Le phénomène des oscillations en salves fût observé aussi dans les systèmes chimiques comme dans la réaction de Belouzov-Zhabotinski, dans des conditions proches de celles qui produisent des comportements chaotiques.

A ce point, on propose une définition formelle de la notion d'oscillation en salves qu'on va justifier dans la suite en la confrontant avec des modèles.

Définition 60. *Une oscillation en salves d'un champ de vecteurs lent-rapide est la donnée, pour toute valeur de ϵ assez petit, d'une orbite périodique stable γ_ϵ qui lorsque $\epsilon \to 0$ s'approche arbitrairement près d'un point singulier stable et d'un cycle limite attractif de la dynamique rapide.*

Les travaux expérimentaux sur les cellules β de [Atwater et al.,1980] furent rapidement développés par la suite en une approche de type Hodgkin-Huxley.

Les courants ioniques concernés sont :

1- Un courant potassique qui est activé par le calcium avec une conductance

$$g_{K,Ca} = g_1 \frac{c}{K_d + c}$$

2- Un courant potassique décrit par la conductance

$$g_K = g_2 n^4$$

où n obeit aux mêmes équations différentielles que dans le modèle d'Hodgkin-Huxley mais avec un voltage déphasé par une constante $V*$.

3- Un canal calcique décrit par la conductance

$$g_{Ca} = g_3 m^3 h.$$

Les variables m et h satisfont à des équations du type de Hodgkin-Huxley avec un voltage décalé par une constante V'.

En combinant ces différents courants, on écrit l'équation de conservation avec un courant de fuite

$$C_m \frac{dV}{dt} = -(g_{K,Ca} + g_K)(V - V_K) - 2g_{Ca}(V - V_{Ca}) - g_L(V - V_L).$$

Pour compléter ce modèle, il y a une équation qui décrit la régulation du calcium par le glucose

$$\frac{dc}{dt} = \epsilon(-k_1 I_{Ca} - k_c c).$$

Le modèle des cellules β peut être simplifié en ignorant les dynamiques de m et h [Rinzel-Lee, 1986]. Le modèle s'écrit :

$$C_m \frac{dV}{dt} = -I_{Ca}(V) - (g_2 n^4 + g_1 \frac{c}{K_d + c})(V - V_K) - g_L(V - V_L)$$

$$\tau_n(V) \frac{dn}{dt} = n_\infty(V) - n$$

$$\frac{dc}{dt} = \epsilon(-k_1 I_{Ca} - k_c c),$$

où

$$I_{Ca} = g_3 m_\infty^3(V) h_\infty(V)(V - V_{Ca})$$

Il s'agit d'un système lent-rapide avec deux variables rapides (les variables V et n) et une variable lente (c). On étudie les bifurcations possibles du système rapide en traitant c comme un paramètre. Quand c est petit, le système rapide a un unique point singulier pour lequel V est grand. Inversement si c est grand, le système a un unique point singulier pour lequel la valeur correspondante de V est petite. Pour les valeurs intermédiaires, le système présente trois points singuliers. Il y a un point stable et un point instable séparés par un point col. Pour certaines valeurs des paramètres, le point instable est à l'intérieur d'un cycle limite stable sur lequel s'enroule la variété instable du col. Au fur et à mesure que c augmente, le cycle limite finit par toucher le point col en formant une connexion homocline (bifurcation homocline). Si on continue d'augmenter c, la connexion homocline se casse et la variété stable du col forme une connexion hétérocline avec le point instable. L'apparition d'oscillation en salves est fortement liée à la coexistence d'un point singulier stable et d'un cycle limite stable qui naît d'une bifurcation de Hopf à partir du point singulier instable. Les solutions présentent donc des périodes de quiescence, durant lesquelles le signal varie peu, entrecoupées de périodes dites actives formées d'oscillations rapides. Cette alternance caractérise les oscillations en salves.

Un autre type d'oscillations en salves apparaît dans le neurone R-15 de l'Aplysie. Le modèle de [Plant-Kim, 1981] pour le neurone R-15 de l'Aplysie décrit des oscillations en salves qui naissent et qui disparaissent avec une bifurcation homocline. La période des oscillations est donc en gros une fonction parabolique du temps et ce type d'oscillation en salves s'appelle le type parabolique (type II dans la classification de Rinzel). La dynamique lente est cette fois-ci décrite par deux variables et elle possède une oscillation qui fait basculer successivement le système rapide d'une bifurcation homocline à une autre.

Dans un autre type d'exemple, comme c'est le cas des oscillations qui se produisent dans les cellules du ganglion cardiaque du homard, le système rapide a une bifurcation de Hopf sous-critique le cycle limite stable disparaît dans une bifurcation pli de cycles limites, c'est à dire par collision avec un autre cycle limite instable. Il n'y a qu'une seule variable lente qui agit sur la dynamique rapide par un mécanisme d'hystérèse.

Il est important d'avoir quelques idées des ordres de grandeur de ces différents exemples d'oscillations en salves. Dans les cellules β du pancréas le potentiel varie d'environ -70 mV à -20 mV et la période entre deux phases actives est de l'ordre de 10 s avec une vingtaine de salves. Pour le neurone R-15 de l'Aplysie, la période est de l'ordre de 8s avec une amplitude des oscillations de l'ordre de 20 mV. Dans le type II, la période active est de l'ordre de 20s, la période quiescente de l'ordre de 40s. Pour les ganglions cardiaques du homard, la période de la phase active est de l'ordre de 200s et la phase quiescente du même ordre de grandeur. Le nombre de salves est d'environ 10.

7.9 Oscillations en salves, quelques exemples mathématiques

Les oscillations en salves ont vite suscité des travaux mathématiques en France [Argémi et al., 1984]. Une spécificité importante des modèles précédents est la présence d'une dynamique lente-rapide. On voit le système rapide comme dépendant de la dynamique lente vue comme un paramètre et subissant des bifurcations qui font successivement apparaître et disparaitre un cycle limite sous l'effet de la dynamique lente. On peut distinguer alors deux types de dynamiques lentes. Une de dimension deux engendre une oscillation qui peut être conservative ou du type cycle limite attractif. L'autre de dimension un crée un mécanisme d'hystérèse.

Pour le premier type d'exemple, on peut prendre une forme normale de la bifurcation de Hopf :

$$\dot{x} = y + x(\lambda - (x^2 + y^2))$$
$$\dot{y} = -x + y(\lambda - (x^2 + y^2)),$$

comme dynamique rapide et on met une dynamique lente oscillante sur λ. Lorsque λ oscille de part et d'autre de l'origine, le système lent-rapide a des solutions qui alternent des phases de quiescence (correspondant aux valeurs de λ pour lequel le système a un point singulier stable) et des phases "actives" formées d'oscillations rapides (correspondant aux valeurs de λ pour lesquelles le système rapide a un cycle limite attractif). Un système possible est donc :

$$\epsilon \dot{x} = y + x(\lambda - (x^2 + y^2))$$
$$\epsilon \dot{y} = -x + y(\lambda - (x^2 + y^2)),$$
$$\dot{\lambda} = \mu$$
$$\dot{\mu} = -\lambda.$$

Une fois compris ce mécanisme, on conçoit de suite d'autres exemples du même type. Si par exemple, on couple un système ayant des oscillations de relaxation qui naissent par bifurcation de Hopf en dynamique rapide avec un système lent sur les paramètres qui fait osciller de part et d'autre de la bifurcation de Hopf, le système lent-rapide ainsi obtenu possède des oscillations en salves.

Le système suivant représente par exemple une dynamique de population rapide (équation de May, cf. exercice 1.6) soumise à des variations périodiques du temps d'un paramètre

$$\epsilon \dot{x} = x[\lambda(1 - x) - \frac{y}{\mu + x}],$$
$$\delta \dot{x} = y[-\nu + \frac{x}{\mu + x}],$$

$$\dot{\mu} = -\omega\nu$$

$$\dot{\nu} = \omega\mu.$$

Le deuxième type d'exemple fonctionne avec une dynamique lente de dimension un qui crée un effet d'hystérèse :

$$\epsilon\dot{z} = (i + c)z + 2z \mid z \mid^2 -z \mid z \mid^4$$

$$\dot{c} = c + 3 - 5 \mid z \mid^2,$$

avec $z = x+iy$. Le système rapide se découple en deux dynamiques indépendantes dans les coordonnées $\rho =\mid z \mid^2, \theta = \mathrm{Arctan}(\frac{y}{x})$:

$$\epsilon\dot{(\rho)} = c\rho + \rho^2 - \rho^3,$$

$$\epsilon\dot{\theta} = 1.$$

Si on prend une donnée initiale proche de l'intersection des deux nullclines, l'orbite correspondante est d'abord attirée par la ligne $x = 0$ qui est attractive et le paramètre c croît jusqu'à l'origine. Arrivée près de l'origine, l'orbite est alors repoussée par l'axe $x = 0$, qui devient instable, et elle saute sur la position du cycle limite stable. En sautant, elle passe par dessus la nullcline et l'évolution du paramètre c devient décroissante. Le système lent rapide manifeste alors des oscillations rapides qui correspondent au cycle limite stable. Ces oscillations disparaissent à la bifurcation pli de cycle limite. L'orbite retombe alors sur la position stable $x = 0$ et le système reprend son cycle d'hystérèse.

Un modèle polynômial a été proposé par [Hindmarsch-Rose,1982, 1984] pour décrire les oscillations en salves observées dans les neurones. Il s'écrit :

$$\epsilon\dot{x} = y - x^3 + 3x^2 + I - z,$$

$$\epsilon\dot{y} = 1 - 5x^2 - y,$$

$$\dot{z} = s(x - x_1) - z,$$

où ϵ est petit ($\epsilon = 0.001$) et $x_1 = -(1/2)(1 + \sqrt{5})$. Le système rapide :

$$\dot{x} = y - x^3 + 3x^2 + I - z,$$

$$\dot{y} = 1 - 5x^2 - y,$$

$$\dot{z} = 0,$$

posséde une courbe invariante formée des points singuliers

$$0 = y - x^3 + 3x^2 + I - z,$$

$$0 = 1 - 5x^2 - y,$$

dont certaines composantes sont stables et d'autres instables. Le système rapide possède aussi une surface singulière invariante "la surface des cycles limites" qui est un ensemble analytique singulier avec une structure de cône au voisinage de la bifurcation de Hopf et un bord constitué d'une connexion homocline.

Pour certaines valeurs de z, les points singuliers de la dynamique rapide sont formés d'un point stable (noeud), d'un col et d'un noeud instable entouré d'un cycle limite stable. Au fur et à mesure que z varie, les points col et noeud stable disparaissent dans une bifurcation pli.

Si on prend une donné initiale de la dynamique lente-rapide qui est proche du noeud stable, elle est d'abord attirée fortement vers la courbe des points singuliers. Elle se colle à cette courbe qu'elle parcourt sous l'effet de la dynamique lente jusqu'à un point instable de la courbe. A ce moment (transition du cycle d'hystérèse), elle saute sur la surface du cycle limite en traversant le plan $\dot{z} = 0$. Elle se retrouve alors sur la surface du cycle limite et remonte en spirale sous l'effet de la dynamique lente (qui a changé de signe) jusqu'au bord de la surface singulière où le cycle limite disparaît dans une bifurcation homocline. A ce moment (seconde transition du cycle d'hystérèse), l'orbite saute, en traversant à nouveau $\dot{z} = 0$, sur la courbe des points singuliers puis z décroit à nouveau et on reprend le cycle d'hystérèse.

Problèmes

7.1. Le système de Hindmarsh-Rose
Vérifier l'existence d'une bifurcation de Hopf et d'une bifurcation pli dans le système de Hindmarsh-Rose.

7.2. Oscillations en salves dans un système formé de deux oscillateurs de Van der Pol couplés
On étudie le système :

$$\epsilon \dot{x}/4 = -y + x(4 - x^2)$$

$$\epsilon \dot{y} = x - u - a$$

$$\dot{u}/2 = -v + u(4 - u^2)$$

$$\dot{v} = u - bv - c.$$

Trouver les valeurs des paramètres pour lesquels la dynamique lente oscille de part et d'autre de la position pour laquelle la dynamique rapide a une bifurcation de Hopf.

Ce type de système conduit à des oscillations en salves qui ont été simulées numériquement dans l'article [Doss-Bachelet-Françoise-Piquet, 2003].

7.3. Le système de Morris-Lecar

Les équations du modèle de Morris-Lecar s'écrivent :

$$\epsilon\frac{dV}{dt} = -\overline{g}_{Ca}m_\infty(V)(V - V_{Ca}) - \overline{g}_K w(V - V_K) - \overline{g}_L(V - V_L) + I$$

$$\frac{dw}{dt} = \frac{w_\infty(V) - w}{\tau_\infty(V)},$$

avec

$$m_\infty(V) = \frac{1}{2}[1 + \tanh(\frac{V - V_1}{V_2})],$$

$$w_\infty(V) = \frac{1}{2}[1 + \tanh(\frac{V - V_3}{V_4})],$$

$$\tau_\infty(V) = [\cosh(\frac{V - V_3}{2V_4})]^{-1}.$$

Les paramètres ont les valeurs suivantes (en général on ne fait varier que I): $V_1 = -1.2$, $V_2 = 18$, $V_3 = 2$, $V_4 = 30$, $\overline{g}_{Ca} = 4.4$, $\overline{g}_K = 8$, $\overline{g}_L = 2$, $V_K = -84$, $V_L = -60$, $V_{Ca} = 120$, $\epsilon = 0.04$.

1- Expliquer les différents termes par une approche à la Hodgkin-Huxley.

2- Discuter en fonction des paramètres l'existence et la stabilité de points singuliers et de cycles limites.

Ce système a été en particulier utilisé par Ermentrout et Rinzel comme dynamique rapide d'un système lent-rapide qui présente des oscillations en salves. On pourra voir par exemple http://www.math.pitt.edu/ bard/

Littérature

[AS86] Abraham, R.H., Simò, C. Bifurcations and chaos in forced Van der Pol systems. In: Pneumatikos, S. (ed) Dynamical Systems and Singularities. North-Holland, Amsterdam (1986)

[ADO90] Alexander, J. C., Doedel, E. J., Othmer, H. G.: On the resonance structure in a forced excitable system. Siam J. Appl. Math., **50** 1373–1418 (1990)

[ASY97] Alligood, K.T., Sauer, T.D., Yorke, J.A.: Chaos an introduction to dynamical systems, TextBooks in Mathematical Sciences, Springer New York (1997)

[AK49] Andronov, A.A., Khaikin, C.E.: Theory of Oscillations, Edited under the direction of S. Lefschetz, Princeton University Press, Princeton (1949)

[AVK66] Andronov, A.A., Vitt, Khaikin, C.E.: Theory of Oscillators, Oxford (1966)

[Ano63] Anosov, D.V.: On limit cycles in systems of differential equations with a small derivative in the highest derivatives. AMS translations, **33** 233–275 (1963)

[ACD84] Argémi, J., Chagneux, H., Ducreux, C., Gola, M.: Qualitative study of a dynamical system for metrazol-induced paroxysmal depolarization shifts, Bull. Math. Biol., **46** 903–922 (1984)

[AC84] Argémi, J., Canalis, M.: Coplis associés à un polynôme de degré n. Comptes-rendus de l'Académie des Sci. Paris, **299**

[AAIS94] Arnold, V.I., Afrajmovich, V.S., Iliyashenko, Yu.S., Shilnikov, L.P.: Dynamical Systems V, Encyclopedia Math. Sci., Springer-Verlag, New York (1994)

[AW78] Aronson D.G., Weinberger,H.F.: Multidimensional nonlinear diffusions arising in population genetics. Adv. Math., **30** 33–76 (1978)

[Arv39] Arvanitaki, A.: Recherches sur la réponse oscillatoire locale de l'axone géant de "Sepia". Arch. Int. Physiol., **49** 209–256 (1939)

[AC55] Arvanitaki, A., Chalozonitis, N.: Potentiels d'activité du soma neuronique géant (Aplysia). Arc. Sci. Physiol. **12** (1955)

[ADE80] Atwater, I., Dawson, C.M., Eddlestone, G., Rojas, E.: The nature of the oscillatory behavior in electrical activity from pancreatic β-cell. J.of Horm. Metabolic. Res. **10** 100–107 (1980)

[Aub84] Aubin, J.-P.: L'analyse non linéaire et ses motivations économiques. Masson, Paris (1984)

[BBD83]   Baconnier, P., Benchetrit, G., Demongeot, J., Pham Dinh, T.: Simulation of the entrainment of the respiratory rythm by two conceptually different models. Lecture Notes in Biomathematics, **49** 2–16 (1983)

[BAB96]   Bardou A.L., Auger P., Birkui P., Chassé J.L.: Modeling of cardiac electrophysiological mechanisms: from action potential genesis to its propagation in Myocardium. Critical reviews in Biomedical Engineering, **24** 141–221 (1996)

[BHN04]   Berestycki, H., Hamel, F., Nadirashvili, N.: The speed of propagation for KPP type problems in periodic and general domains. A paraître.

[BPD97]   Bergé, P., Pommeau, Y., Dubois-Gance, M.: Des rythmes au chaos, Opus 64, Editions Odile Jacob, Paris (1997)

[B868]   Bernard,C.: Leçons sur les phénomènes de la vie communs aux animaux et aux végétaux. Ballière, Paris (1868)

[BM61]   Bogoliubov, N.N., Mitropolski, Yu.A.: Asymptotic methods in the theory of nonlinear oscillations. Gordon and Breach, New York (1961)

[B99]   Brezis, H.: Analyse fonctionnelle : théorie et applications. Dunod, Paris (1999)

[B86]   Britton, N.F.: Reaction-Diffusion Equations and their Applications to Biology, Academic Press, London (1986)

[B03]   Britton, N.F.: Essential Mathematical Biology, Springer, Berlin (2003)

[BPS01]   Broucke, M.E., Pugh, C.C., Simic, S.N.: Structural stability of piecewise smooth systems. Computational and Applied Mathematics, **20** 51–89 (2001)

[Cal90]   Calogero, F.Why are certain PDEs both widely applicable and integrable? In: Zakharov, V.E. (ed.) What is integrability? Springer, Berlin (1990)

[CE87]   Calogero, F., Eckhaus, W.: Nonlinear evolution equations, rescalings, model PDEs and their integrability I. Inverse Problems, **3** 229–262 (1987)

[CE88]   Calogero, F., Eckhaus, W.: Nonlinear evolution equations, rescalings, model PDEs and their integrability II. Inverse Problems, **4** 11–33 (1988)

[Cap77]   Carpenter, G.A.: A geometric approach to singular perturbation problems with applications to Nerve Impulse Equations. J. of Diff. Eq., **23** 152–173 (1977)

[Carr81] Carr, J.: Applications of Center manifold Theory, Springer-Verlag, New York, (2003)

[Car48]   Cartwrigth, M. L.: Forced oscillations in nearly sinusoidal systems. J. Inst. Electr. Eng., **95** 88–96 (1948)

[CL45]   Cartwright, M.L., Littlewood, J.E.: On nonlinear differential equations of the second order. J. London Math. Soc., **20** 180–189 (1945)

[Cau04]   Caubergh, M.: Limit Cycles near centers. Thesis Limburg University, Diepenbeck (2004)

[CD04]   Caubergh, M., Dumortier, F.: Hopf-Takens bifurcations and centres. Journal of Differential Equations, **202** 1–31 (2004)

[CF04]   Caubergh, M., Francoise, J.-P.: Generalized Lienard equations, Cyclicity and Hopf-Takens bifurcations.

[CR85]   Chay, Rinzel,J.: Bursting, Beating and Chaos in an excitable Membrane Model. Biophysical Journal, **47** 357–366 (1985)

[Chi]   C. Chicone: Ordinary Differential Equations with Applications, Texts in Applied Mathematics n 34, Springer-Verlag, New-York ()

[CRT79]   Coatrieux,J.L., Ruiz Pantoja, J., Toulouse, P.: Réduction du modèle d'Hodgkin-Huxley et analyse par la méthode topologique. Revue européenne de Biotechnologie Médicale. **5** 375–376 (1979)

[CAR55]   Cole, K.S., Antosiewicz, H.A., Rabinowitz, P.: Automatic computation of nerve excitation. J. SIAM, 153–172 (1955)

[Cr87]   Cronin, J.: Mathematical Aspects of Hodgkin-Huxley neural theory. Cambridge Studies in Mathematical Biology **7**, Cambridge (1987)

[DCL03]   David, O., Cosmelli, D., Lachaux, J.P., Baillet, S., Garnero, L., Martinerie, J.: A theoretical and experimental introduction to the non-invasive study of large-scale neural phase synchronization in human beings. Int. J. of Computational Cognition, **1** 53–77 (2003)

[DG82]   Decroly, O., Goldbeter, A.: Birythmicity, chaos and other patterns of temporal self-organization in a multiply regulated biochemical system. Proceedings of the Natural Academy of Science (USA), **79** 6917–6921 (1982)

[Dem89]   Demazure, M.: Catastrophes et Bifurcations. Ellipses, Paris (1989)

[DS79]   Demongeot, J., Seydoux F.J. Oscillations glycolytiques. Modélisation d'un système minimum à partir des données physiologiques et moléculaires. In: Delattre, P., Thellier, M. (ed.) Elaboration et Justification des modèles. Applications en biologie. Maloine, Paris. (1979)

[Den75]   Denjoy,A.: Arnaud Denjoy, évocation de l'homme et de l'oeuvre. Astérisque **28-29** (1975)

[Die84]   Diener, M.: The canard unchained, or how fast/slow dynamical systems bifurcate. Math. Intell. **6** 38–49 (1984)

[DFP00]   Doss, C., Françoise, J.-P., Piquet, C.: Géométrie différentielle. Ellipse, Paris (2000)

[E83]   Eckhaus W.: Relaxation Oscillations including a standard chase of french ducks. Lecture Notes in Math. *985* 432–489 (1983)

[EK88]   Edelstein-Keshet, L.: Mathematical Models in Biology. McGraw-Hill, New-York (1988)

[Fat28]   Fatou, P.: Sur le mouvement d'un système soumis à des forces à courte période. Bull. Soc. Math. **56** 98–139 (1928)

[Fen71]   Fenichel, N.: Persistence and smoothness of invariant manifolds for Flows. Indiana Univ. Math. J. **21** 193–226 (1971)

[Fen74]   Fenichel, N.: Asymptotic stability with rate conditions. Indiana Univ. Math. J. **23** 1109–1137 (1974)

[Fen77]   Fenichel, N.: Asymptotic stability with rate conditions II. Indiana Univ. Math. J. **26** 87–93 (1977)

[Fen79]   Fenichel, N.: Geometric singular perturbation theory for ordinary differential equations. J. Differential Equations **31** 53–98 (1979)

[Fes36]   Fessard, A.: Propriétés rythmiques de la matière vivante. Hermann, Paris (1936)

[Fif79]   Fife, P.: Mathematical aspects of Reacting and Diffusing Systems. Lect. Notes in Biomathematics **28**, Springer, Berlin (1979)

[Fis37]   Fisher, R.A.: The wave of advance of advantageous genes. Ann. Eugen., **7** 355–369 (1937)

[Fit60]   FitzHugh, R.: Thresholds and plateaus in the Hodgkin-Huxley nerve equations. J. Gen. Physiol. **43** 867–896 (1960)

[Fit69]   FitzHugh, R. Mathematical models of excitation and propagation in nerve. In: Schwan, H.P. (ed.) Biological Engineering. McGraw-Hill, New York (1969)

[Fit61]   FitzHugh, R.: Impulses and physiological states in theoretical models of nerve membrane. Biophys. J. **1** 445–466 (1961)

[Fra95]   Françoise, J.-P.: Théorie des singularités et systèmes dynamiques, Presses Universitaires de France, Paris (1995)

[Fra96]   Françoise, J.-P.: Successive derivatives of a first return mapping: application to quadratic vector fields. Erg. Th. Dyn. Sys. **16** 87–96 (1996)

[Fra97]   Françoise, J.-P.: Birkhoff normal forms and analytic geometry. Symplectic Singularities and geometry of gauge fields, Banach Center Publications, **39** (1997)

[Fra01]   Françoise, J.-P.: On the bifurcation of periodic orbits. Computational and Applied Mathematics **20** 91–119 (2001)

[Fra03]   Françoise, J.-P. Local bifurcations of limit cycles, Abel equations and Liénard systems. In: Ilyashenko, Yu., Rousseau, C. (ed.) Normal forms, Bifurcations and Finiteness Problems in Differential Equations. Nato Sciences Series, Kluwer, Amsterdam (2003)

[FY97]   Françoise, J.-P., Yomdin, Y.: Bernstein inequality and applications to analytic geometry and differential equations. J. Funct. Analysis, **146** 185–205 (1997)

[GM88]   Glass,L., Mackey,M.C.: From Clocks to Chaos, The Rythms of Life. Princeton University Press, Princeton (1988)

[Gol96]   Goldbeter, A.: Biochemical oscillations and cellular rythms. Cambridge University Press, Cambridge (1996)

[Gol95]   Goldbeter, A.: A model for circadian oscillations in the Drosophilia period protein (PER). Proc. Roy. Soc. London **261** 319–324 (1995)

[Gde83]   Golbeter, A., Decroly, O.: Temporal self-organization in biochemical systems: periodic behavior *versus* chaos. Am. J. Physiol. **245** 478–483 (1983)

[Gdu90]   Goldbeter, A., Dupont, G.: Allosteric regulation, cooperativity and biochemical oscillations. Biophys. Chem. **37** 341–351 (1990)

[GLe72]   Goldbeter, A., Lefever,R.: Dissipative structures for an allosteric model. Application to glycolytic oscillations. Biophys. J. **12** 1305–1315 (1972)

[GM83]   Goldbeter, A., Martiel, J.L. A critical discussion of plausible models for relay and oscillation of cyclic AMP in *dictyostelium* cells. In: Cosnard, Demongeot, Lebreton (ed.) Rhythms in Biology and other fields of application. Springer-Verlag, New York (1983)

[Gma87]   Goldbeter, A., Martiel, J.L.: Periodic behavior and chaos in mechanism of intercellular communication governing aggregation of *dictyostelium*. Life Science Series Plenum. **138** 79–90 (1987)

[GSe84]   Goldbeter, A., Segel, L.A.: Unified mechanism for relay and oscillations of cyclic AMP in *Dictyostelium discoideum*. Proc. Nat. Acad. Sci. USA, **74** 1543–1547 (1984)

[GH83]   Guckenheimer, J., Holmes, P.: Nonlinear oscillations, Dynamical Systems and Bifurcations of Vector Fields. Springer-Verlag, Berlin (1983)

[GL93]   Guckenheimer, J., Labouriau, I.: Bifurcation of the Hodgkin and Huxley Equations: A new Twist. Bulletin of Mathematical Biology, **55** 937–952 (1993)

[Hal69]   Hale, J.K.: Ordinary Differential Equations. Wiley, New York (1969)

[Har64]   Hartman, P.: Ordinary Differential Equations. Wiley, New York (1964)

[Has75]   Hastings, S.P.: Some Mathematical problems from Neurobiology. American Math. Monthly. **82** 881–895 (1975)

[Has76]   Hastings, S.P.: On the existence of homoclinic and periodic orbits for the FitzHugh-Nagumo equations. Quart. J. Math. Oxford **27** 123–134 (1976)

[HR82]   Hindmarsh, J.L. and Rose, R.M.: A model of the nerve impulse using two first order differential equations. Nature, **296** 162–164 (1982)

[HR84]   Hindmarsh, J.L. and Rose, R.M.: A model of neuronal bursting using three coupled first order differential equations, Proc. R. Soc. Lond., **221** 87–102 (1984)

[HPS77]   Hirsh, M., Pugh, C.C., Shub, M.: Invariant Manifolds. Lecture Notes in Mathematics, **583**, Springer-Verlag, New York (1977)

[HS74]   Hirsh, M., Smale, S.: Differential Equations, Dynamical Systems and Linear Algebra. Academic Press, New York (1974)

[HH52]   Hodgkin, A.L., Huxley., A.F.: A quantitative description of membrane current and its application to conduction and excitation in nerve. J. Physiol., **117** 500–544 (1952)

[Hop84]   Hopfield, J.J.: Neurons with graded response have collective computational properties like those of two-state neurons. Proc. Nat. Acad. Sci., **81** 3088–3092 (1984)

[Hop86]   Hoppensteadt, F.C.: An introduction to the mathematics of neurons. Cambridge University Press, Cambridge, (1986)

[HI97]   Hoppensteadt, F.C., Izhikevich, E.M.: Weakly Connected Neural Networks, Springer-Verlag, New-York (1997)

[HK77]   Howard, L.N., Kopell, N.: Slowly varying waves and shock structures in reaction-diffusion equations. Studies in Appl. math. **56** 95–145 (1977)

[Ist00]   Istas, J.: Introduction aux modélisations mathématiques pour les sciences du vivant. Springer, Berlin (2000)

[Jol83]   Jolivet, E.: Introduction aux modèles mathématiques en biologie. Masson, Paris (1983)

[Jon84]   Jones, C.K.R.T.: Stability of the traveling wave solutions of the FitzHugh-Nagumo system. Trans. Amer. Math. Soc. **286** 431–469 (1984)

[JKL91]   Jones, C.K.R.T., Kopell, N., Langer, R.: Construction of the FitzHugh-Nagumo pulse using differential forms. "Patterns and Dynamics in reactive Media" (H. Swinney, G.Aris and D.G. Aronson, Eds.),p.101-116.IMA volumes in Mathematics and its Applications, vol. 37, Springer, New York.

[JK94]   Jones, C.K.R.T., Kopell, N.: Tracking invariant manifolds with differential forms in singularly perturbed systems. J. Differential Equations, **108** 64–88 (1994)

[KAM85]   Kallen, A., Arcuri, P., Murray, J.D.: A simple model for the spatial spread and control of rabies. J. Theor. Biol., **116** 377–394 (1985)

[Kee80]   Keener, J.P. Chaotic cardiac dynamics. In: Hoppensteadt, F.C. (ed.) Mathematical aspects of physiology. Springer, Berlin (1980)

[KS98]   Keener, J.P., Sneyd, J.: Mathematical Physiology. Springer-Verlag, New York (1998)

[Kei88]   Keizer, J.: Electrical activity and insulin release in pancreatic beta cells. Math. Biosci. **90** 127–138 (1988)

[KS89]   Koch, C., I. Segev (eds.) · Methods in Neuronal Modeling: From Synapses to Networks. MIT Press, Cambridge (1989)

[Kol36]   Kolmogorov, A.N.: Sulla teoria di Volterra della lotta per l'esistenza. G. Ist. Ital. Attuari. **7** 74–80 (1936)

[Kol59]   Kolmogorov, A.N.: The transition of branching processes into diffusion processes and associated problems of genetics. Teor. Veroyatn. i Primen. **4** 233–236 (1959)

[Kol91]   Selected works of A.N. Kolmogorov. V.M. Tikhomirov (Ed.), Mathematics and its Applications (*Soviet Series*), vol. 25-27, Kluwer Academic Press, Dordrecht (1991)

[KPP37]   Kolmogorov, A., I. Petrovsky, et N. Piscounov.: Etude de l'équation de la diffusion avec croissance de la quantité de matière et son application à un problème biologique. Moscow Univ. Bull. Ser. Internat. **1** 1–25 (1937)

[Kru78]   Kruskal, M. The birth of the Soliton. In: Calogero, F. (ed.) Nonlinear evolution equations solvable by the spectral transform. Research Notes in Mathematics n 26, Pitman, London (1978)

[KB43]   Kryloff, N., Bogoliuboff.: Introduction to Non-Linear mechanics. Princeton University Press, Princeton (1943)

[Kup62]   Kupka, Y.: Contribution à la théorie des champs génériques. Contrib. Diff. Equations. **2** (1962)

[Kuz95]   Kuznetsov, Y.A.: Elements of applied bifurcation theory. Springer-Verlag, New York (1995)

[LRV00]   Lachaux, J.-P., Rodriguez, E., Le Van Quyen, M., Martinerie, J., Varela, F.: Studying single-trials of phase-synchronous acivity of the brain. Int. J. Bifurcation Chaos. **10** 2429–2439 (2000)

[Lan85]   Lanford, O. E.: A numerical study of the likelihood of phase locking. Physica D **14** 403–408 (1985)

[LSL61]   La Salle, J, Lefschetz, S.: Stability by Lyapunov's Direct Method with Applications. Academic Press, New York (1961)

[Lef57]   Lefschetz, S.: Differential equations: Geometric Theory. Interscience Publishers, New York (1957)

[Lev81]   Levi, M.: Qualitative analysis of the periodically forced relaxation oscillations. Mem. Am. Math. Soc., **214** 1–47 (1981)

[LeC90]   Levi-Civita, T.: Caractéristiques des Systèmes Différentiels et Propagation des Ondes. Gabay, Paris (1990)

[Lev49]   Levinson, N.: A second-order diferential equation with singular solutions. Ann. Math., **50** 127–153 (1949)

[LY75]   Li, T.Y., Yorke, J.A.: Period three implies Chaos. Amer. Math. Monthly, **82** 985–992 (1975)

[Lot25]   Lotka, A.J.: Elements of Physical Biology. Williams and Wilkins, Baltimore (1925)

[McK70]   McKean, H.P.: Nagumo's equation. Advances in Math. **4** 209–223 (1970)

[Mal70]   Malgrange, B.: Une remarque sur les idéaux de fonctions différentiables. Inventiones Math. 9, 119–127 (1970)

[MW77]   Malsburgh, C., Willshaw, D.J.: How to label nerve cells so that they can interconnect in an ordered fashion? Proc. Nat. Acad.Sci. USA, **74** 5176–5178 (1970)

[Mal52]   Malkin, I.: Theory of stability of the motion. Izdat. Gos, Moscou (1952)

[Mal56]   Malkin, I.: Some problems of the Theory of non linear oscillations. Izdat. Gos, Moscou (1956)

[Mmc76]   Marsden, J., McCracken, M.: The Hopf bifurcation and its applications. Applied Mathematical Sciences, vol. 19. Springer-Verlag, New York, (1976)

[Mar82]   Martinet, J.: Singularities of smooth functions and maps. London Math. Soc. Lecture Notes Series 58, London (1982)

[Man90]   Manneville, P.: Dissipative structures and weak turbulence. Academic Press, New York (1990)

[May72]   May, R.M.: Limit cycles in predator-prey communities. Science. **177** 902–904 (1972)

[May76]   May, R.M.: Simple mathematical models with very complicated dynamics. Nature. **261** 459–467 (1976)

[Mei76]   Meissner, H.P.: Electrical characteristics of the beta-cells in pancreatic islets. J. Physiol., **50** 301–311 (1976)

[Min62]   Minorsky, N.: Nonlinear oscillations. Van Nostrand, New York, (1962)

[MKK94] Mishchenko, E.F., Kolesov, Y.S., Kolesov, A.Y. , Rozov, N.K.: Asymptotic Methods in Singularly Perturbed Systems. Monographs in Contemporary Mathematics, Consultants Bureau, New York, London (1994)

[MR91]   Muratori, S., Rinaldi, S.: Appl. math. Modelling, **15** 312–317 (1991)

[Mur75]   Murray, J.: Non existence of wave solutions for the class of reaction-diffusion equations given by the Volterra interacting population equations with diffusion. J. Theor. Biol. **52** 459–469 (1975)

[Mur89]   Murray, J.D.: Mathematical Biology. Biomathematics Texts 19, Springer-Verlag, Berlin (1989)

[NAY62]   Nagumo, J.S., Arimoto, S., Yoshizawa,S.: An active pulse transmission line stimulating nerve axon. Proc. IRE. **50** 2061–2071 (1962)

[New85]   Newell, A.: Solitons in mathematics and physics. SIAM (1985)

[Nob62]   Noble, D.: A modification of the Hodgkin-Huxley equation applicable to Purkinje fibre action and pacemaker potentials. J. Physiol. **160** 316–352 (1962)

[OS87]   Odell, G.M. and L.A. Segel.: BIOGRAPH: A Graphical Simulation Package with Exercises. To accompany Lee A. Segel's Modelling Dynamic Phenomena in Molecular and Cellular Biology. Cambridge University Press, Cambridge (1987)

[PdM82]   Palis, J. de Melo, W.: Geometric theory of dynamical Systems. Springer-Verlag, New York (1982)

[Pei59]   Peixoto, M.M.: On structural Stability. Ann. of Math. **69** 199–222 (1959)

[Per69]   Perko, L.: Higher order averaging and related methods for perturbed periodic and quasi-periodic systems. SIAM J. Appl. Math. **17** 698-724 (1969)

[Per00]   Perko, L.: Differential Equations and Dynamical Systems. Springer Verlag, New York (2000)

[PDB83]   Pham Dinh, T., Demongeot, J., Baconnier, P., Benchetrit, G.: Simulation of a biological oscillator: the respiratory rhythm. J. Theor. Biol., **103** 113–132 (1983)

[PK76]   Plant, R.E., Kim, M.: Mathematical description of a bursting pacemaker neuron by a modification of the Hodgkin-Huxley equations. Biophysical Journal, **16** 227–244 (1976)

[Pon62]   Pontryagin, L.S.: Ordinary Differential Equations. Addison-Wesley, Reading (1962)

[Rin85]   Rinzel, J. Bursting oscillations in an excitable membrane model. In: Sleeman, B.D., Jarvis, R.J. Ordinary and Partial Differential Equations. Springer-Verlag, New York (1985)

174   Littérature

[Rin90]   Rinzel, J.: Discussion: electrical excitability of cells, theory and exper-
          iment: review of the Hodgkin-Huxley foundation and an update. Bull.
          Math. Biol. **52** 5–23 (1990)
[Rin87]   Rinzel, J.: A formal classification of bursting mechanisms in excitable sys-
          tems. In: Teramoto, E.,Yamaguti, M. (ed) Mathematical Topics in popu-
          lation biology, Morphogenesis and Neurosciences. Lecture Notes in Math-
          ematics, vol.71, Springer-Verlag, Berlin (1987)
[RK73]   Rinzel, J., Keller, J.B.: Travelling wave solutions of a nerve conduction
          equation. Biophysical Journal. **13** 1313–1337 (1973)
[RL87]   Rinzel, J., Lee, Y.S.: Dissection of a model for neuronal parabolic bursting.
          Journal of mathematical Biology. **25** 653–675 (1987)
[Roc43]   Rocard, Y.: Dynamique générale des oscillations. Masson, Paris (1943)
[Roq04]   Roques, L.: Equations de réaction-diffusion non-linéaires et modélisation
          en écologie. Thèse Université P.-M. Curie, Paris (2004)
[Ros66]   Roseau, M.: Vibrations nonlinéaires et théorie de la stabilité. Springer-
          Verlag, Berlin (1966)
[Rue89]   Ruelle, D.: Elements of differentiable dynamics and bifurcation theory.
          Academic Press, New York (1989)
[SV85]   Sanders, J., Verhulst, F.: Averaging Methods in Nonlinear Dynamical
          Systems. Applied Mathematical Sciences 59. Springer-Verlag, New York
          (1985)
[Seg84]   Segel, L.A.: Modelling Dynamic phenomena in molecular and cellular bi-
          ology. Cambridge University Press, Cambridge (1984)
[SAS91]   Segundo, J.-P., Altshuler, E., Stiber, M., Garfinkel, A.: Periodic inhibition
          of living neurons, International Journal of Bifurcations and Chaos, **1** 549–
          581, 873–890 (1991)
[SM70]   Siegel, C.L., Moser, J.: Lectures on celestial mechanics. Springer-Verlag,
          Berlin (1970)
[Sma67]   Smale, S.: Differentiable dynamical systems. Bull. Amer. Math. Soc. **73**
          747–817 (1967)
[Ste57]   Sternberg, S.: On local C^n contractions of the real line. Duke Math. J.,
          24 97–102 (1957)
[Sto50]   Stoker J.J.: Nonlinear Vibrations in Mechanical and Electrical Systems.
          Interscience, New York (1950)
[Str86]   Strogatz, S.H.: The Mathematical structure of the Human Sleep-Wake
          Cycle, Lecture Notes in Biomathematics, vol. 69, Springer-Verlag, New
          York (1986)
[Str87]   Strogatz, S.H.: Human sleep and circadian rhythms: a simple model based
          on two coupled oscillators. J. Math. Biol. **25** 327– (1987)
[Str94]   Strogatz, S.H.: Nonlinear Dynamics and Chaos, Studies in Nonlinearity.
          Westview Press, Perseus Books Publishing, Cambridge (1994)
[Tau01]   Taubes, C.H.: Modeling differential equations in Biology, Prentice Hall,
          Princeton (2001)
[Tem88]   Temam, R.: Infinite-Dimensional Dynamical Systems in Mechanics and
          Physics. Applied Mathematical Sciences 68, Springer-Verlag, New York
          (1988)
[Tho69]   Thom, R.: Topological models in biology. Topology **8** 313–335 (1969)
[Tho72]   Thom, R.: Stabilité structurelle et morphogénèse : essai d'une théorie
          générale des modèles. W.A. Benjamin, Reading (1972)

[Tho74]   Thom, R.: Modèles mathématiques de la morphogenèse. 10-18, Paris (1974)

[Tho88]   Thom, R.: Esquisse d'une sémiophysique. InterEditions, Paris (1988)

[Tha73]   Thomas, R.: Boolean formalization of genetic control systems, Journal of theor. Biology, **73** 631– (1973)

[TH02]   Thompson, J.M.T., Stewart, H.B.: Nonlinear Dynamics and Chaos. Wiley, New York (2002)

[Ton01]   Tonnelier, A.: Thèse Université de Grenoble (2001)

[TMB99]   Tonnelier, A., Meignen, S., Bosch,H., Demongeot, J.: Synchronization and desynchronization of neural oscillators: comparison of two models. Neural Networks, **12** 1213–1228 (1999)

[Tuc88]   Tuckwell: Introduction to theoretical neurobiology, Cambridge University Press, Cambridge (1988)

[Ued91]   Ueda, Y.: Survey of regular and chaotic phenomena in the forced Duffing oscillator. Chaos, Solitons and Fractals, **1** 199–231 (1991)

[Var95]   Varela, F.: Resonant cell assemblies: A new approach to cognitive functions and neuronal synchrony. Biol. Res. **28** 81–95 (1995)

[VdP26]   Van der Pol, B.: On relaxation-oscillations. Phil. Mag. **3** 978–992 (1926)

[VV27]   Van der Pol, B., Van der Mark, J.: Frequency demultiplication. Nature, **120** 363–364 (1927)

[VV28]   Van der Pol, B., Van der Mark, J.: The heart beat considered as a relaxation oscillation, and an electrical model of the heart. Phil. Mag. **6** 763–775 (1928)

[VdP31]   Van der Pol, B.: Oscillations sinusoidales et de relaxation. L'onde électrique, 245–256 (1931)

[Ver38]   Verhulst, P.F.: Notice sur la loi que la population suit dans son accroissement. Correspondance Mathématique et Physique. **10** 113–121 (1838)

[Vol26]   Volterra, V.: Variazioni e fluttuazioni del numero d'individui in specie animale conviventi. Mem. Acad. Lincei, **2** 31–113 (1926)

[Vol31]   Volterra, V.: Leçons sur la théorie mathématique de la lutte pour la vie. Gauthier-Villars, Paris (1931)

[Vol37]   Volterra, V.: Principes de Biologie Mathématique. Acta Biotheor. **3** 1–36 (1937)

[Win80]   Winfree, A.T.: The geometry of biological time. Springer-Verlag, New York (1980)

[Win90]   Winfree, A.T.: Stable particle-like solutions to the nonlinear wave equations of three-dimensional excitable media. SIAM Rev. **32** 1–53 (1990)

[Wig90]   Wiggins, S.: Introduction to Applied Nonlinear Dynamical Systems and Chaos, Springer-Verlag, New York (1990)

[YNI80]   Yanagihara,K., Noma, A. and H. Irisawa: Reconstruction of sino-atrial node pacemaker potential based on voltage clamp experiments. Jap. J. Physiology. **30** 841–857 (1980)

Index

Accrochage d'une dynamique lente-
    rapide, 94
Accrochage des fréquences, 109
Accrochage des phases, 109, 120
Advection, 132
Andronov (Système d'), 23
Application de premier retour, 8
Application logistique, 21
Attracteur, 48

Bassin d'attraction, 48
Bautin (Théorie de), 67
Bifurcation homocline, 71
Bifurcation pli, 54
Bifurcation pli d'un cycle limite, 69
Bistabilité, 48
Bistable (Equation), 140
Bogdanov-Takens (Bifurcation de), 72
Boussinesq (Equation de), 136
Burgers (Equation de), 132

Champ de vecteurs du plan (Définition
    d'un), 9
Codimension (d'une bifurcation), 53
Cohen-Grossberg (Théorème de), 50
Conjugaison topologique de deux
    champs de vecteurs, 5
Connexion hétérocline, 36
Connexion homocline, 36
Courbe intégrale, 5
Cycle Limite, 11

Décrochage d'une dynamique lente-
    rapide, 94

Déploiement universel, 53
Développement asymptotique, 79
Doublement de période, 71
Duffing (oscillateur de), 21

Ensembles ω-limite et α-limite, 6
Equation logistique, 20
Equivalence topologique de deux
    champs de vecteurs, 5
Ergodicité d'un flot linéaire, 87
Ermentrout-Rinzel (Modèle de), 125
Excitabilité, 92
Exposants caractéristiques (d'une orbite
    périodique), 41

Fatou (Théorème de moyennisation de),
    80
Fermi-Pasta-Ulam (Système de), 133
Fisher (Equation de), 136
FitzHugh-Nagumo (Système de), 92,
    153, 157
Floquet (Multiplicateurs de), 41
Floquet(Théorème de), 40
Flot, flot complet, 4
Fontion temps de premier retour, 8
Forme normale, 19
Forme normale de Birkhoff, 20, 22, 75,
    125, 144
Fourche, 54
Fronce, 56

Gronwall (le lemme de), 2

Hartman-Grobman (Théorème de), 36

Hindmarsh-Rose (Système de), 164
Hodgkin-Huxley (Equation de), 151
Hopf (Bifurcation de), 61
Hopf (Théorème de l'indice de), 24
Hopf-Takens (Bifurcation de), 65
Hyperbolique (orbite périodique), 42
Hystérèse, 74, 92, 163

Idéal Jacobien, 57
Indice d'une courbe, 16
Intégrale première d'un champ du plan,
    11
Intègre-et-tire, 127

Kermack-McKendrick (Système de),
    147
Kolmogoroff (Système de), 23
Kolmogoroff-Petrowski-Piskunov
    (Théorème de), 139
Korteweg-de-Vries (Equation de), 136
Kupka-Smale (Théorème de), 49

lambda-lemme, 37
Lindstedt (Méthode de), 88
Lotka-Volterra (Equation de), 22
Lotka-Volterra (Système de), 146
Lyapunov (Fonction de), 32

Malkin (Théorème de), 114
Melnikov (Méthode de), 50
Milnor (Nombre de), 57

Noble (Modèle de), 155
Noeud sinusal, 157
Nombre de rotation, 122

Ombilic elliptique, 57
ombilic hyperbolique, 57
ombilic parabolique, 57
Onde solitaire, 131
Onde stationnaire, 131
Orbite périodique (définition d'une), 7
Oscillateur (Définition d'un), 11
Oscillation en salve, 160
Oscillations de relaxation, 91, 94
Oscillations glycolytiques, 76

Papillon, 57
Peixoto (Théorème de), 49

Peixoto (Théorème du nombre de
    rotation de), 123
Pendule simple, 21
Phase asymptotique, 43
Poincaré-Bendixson (Théorème de), 13
Poincaré-Lyapunov (Théorème de), 28
Point non errant, 48
Point périodique d'une application, 9
Point singulier, 5
Point singulier hyperbolique, 36
Points singuliers de champs linéaires, 10
Pontryagin (Formule de), 51

Queue d'aronde, 57

Rössler (Système de), 76
Réductible (au sens de Lyapunov), 30
Régularité de la solution en fonction des
    données initiales, 4
Régularité de la solution en fonction des
    paramètres, 3
Réseaux de neurones, 128
Résonance, 20, 84
Rinzel-Lee (Modèle de), 161
Roseau (Théorème de), 114

Section transverse, 5
Singularité isolée, 57
Soliton, 145
Sotomayor (Théorème de), 54
Stabilité d'une solution, 28
Stabilité et stabilité asymptotique, 31
Stabilité linéaire, 27
Stabilité orbitale, 39
Stabilité structurelle, 18
Stable (orbite périodique), 42
Synchronisation, 109
Systèmes hamiltoniens du plan, 11

Takens (Théorème de), 66
Takens (Théorème sur les variétés lentes
    de), 95
Théorème fondamental des équations
    différentielles, 2
Thom (Théorie des catastrophes de), 57
Tikhonoff (Théorème de), 99
Train d'ondes stationnaires, 144

Van der Pol (Système de), 75, 88, 90,
    102, 104, 126, 165

Variété centrale (d'une orbite
    périodique), 43
Variété centrale (Réduction du flot au
    voisinage de la), 38
Variété centrale (Théorème d'existence
    de la), 37
Variété invariante normalement
    hyperbolique, 47, 94

Variété stable et instable (Théorème de
    la), 34

Weierstrass (Théorème de préparation
    de), 65

Yanagihara-Noma-Irizawa (Modèle de),
    156

Déjà parus dans la même collection

1. T. CAZENAVE, A. HARAUX
Introduction aux problèmes d'évolution
semi-linéaires. 1990

2. P. JOLY
Mise en œuvre de la méthode des
éléments finis. 1990

3/4. E. GODLEWSKI, P.-A. RAVIART
Hyperbolic systems of conservation
laws. 1991

5/6. PH. DESTUYNDER
Modélisation mécanique des milieux
continus. 1991

7. J. C. NEDELEC
Notions sur les techniques d'éléments
finis. 1992

8. G. ROBIN
Algorithmique et cryptographie. 1992

9. D. LAMBERTON, B. LAPEYRE
Introduction au calcul stochastique
appliqué. 1992

10. C. BERNARDI, Y. MADAY
Approximations spectrales de
problèmes aux limites elliptiques. 1992

11. V. GENON-CATALOT, D. PICARD
Eléments de statistique asymptotique.
1993

12. P. DEHORNOY
Complexité et décidabilité. 1993

13. O. KAVIAN
Introduction à la théorie des points
critiques. 1994

14. A. BOSSAVIT
Électromagnétisme, en vue de la
modélisation. 1994

15. R. KH. ZEYTOUNIAN
Modélisation asymptotique en
mécanique des fluides newtoniens. 1994

16. D. BOUCHE, F. MOLINET
Méthodes asymptotiques en
électromagnétisme. 1994

17. G. BARLES
Solutions de viscosité des équations
de Hamilton-Jacobi. 1994

18. Q. S. NGUYEN
Stabilité des structures élastiques. 1995

19. F. ROBERT
Les systèmes dynamiques discrets.
1995

20. O. PAPINI, J. WOLFMANN
Algèbre discrète et codes correcteurs.
1995

21. D. COLLOMBIER
Plans d'expérience factoriels. 1996

22. G. GAGNEUX, M. MADAUNE-TORT
Analyse mathématique de modèles non
linéaires de l'ingénierie pétrolière.
1996

23. M. DUFLO
Algorithmes stochastiques. 1996

24. P. DESTUYNDER, M. SALAUN
Mathematical Analysis of Thin Plate
Models. 1996

25. P. ROUGEE
Mécanique des grandes transformations.
1997

26. L. HÖRMANDER
Lectures on Nonlinear Hyperbolic
Differential Equations. 1997

27. J. F. BONNANS, J. C. GILBERT,
C. LEMARÉCHAL, C. SAGASTIZÁBAL
Optimisation numérique. 1997

28. C. COCOZZA-THIVENT
Processus stochastiques et fiabilité des
systèmes. 1997

29. B. LAPEYRE, É. PARDOUX, R. SENTIS
Méthodes de Monte-Carlo pour les
équations de transport et de diffusion.
1998

30. P. SAGAUT
Introduction à la simulation des grandes
échelles pour les écoulements de fluide
incompressible. 1998

31. E. Rio
    Théorie asymptotique des processus
    aléatoires faiblement dépendants.
    1999

32. J. Moreau, P.-A. Doudin,
    P. Cazes (Eds.)
    L'analyse des correspondances et les
    techniques connexes. 1999

33. B. Chalmond
    Eléments de modélisation pour
    l'analyse d'images. 1999

34. J. Istas
    Introduction aux modélisations
    mathématiques pour les sciences du
    vivant. 2000

35. P. Robert
    Réseaux et files d'attente: méthodes
    probabilistes. 2000

36. A. Ern, J.-L. Guermond
    Eléments finis: théorie, applications,
    mise en œuvre. 2001

37. S. Sorin
    A First Course on Zero-Sum Repeated
    Games. 2002

38. J. F. Maurras
    Programmation linéaire, complexité.
    2002

39. B. Ycart
    Modèles et algorithmes Markoviens.
    2002

40. B. Bonnard, M. Chyba
    Singular Trajectories and their Role in
    Control Theory. 2003

41. A. Tsybakov
    Introdution à l'estimation
    non-paramétrique. 2003

42. J. Abdeljaoued, H. Lombardi
    Méthodes matricielles – Introduction à
    la complexité algébrique. 2004

43. U. Boscain, B. Piccoli
    Optimal Syntheses for Control Systems
    on 2-D Manifolds. 2004

44. L. Younes
    Invariance, déformations et
    reconnaissance de formes. 2004

45. C. Bernardi, Y. Maday, F. Rapetti
    Discrétisations variationnelles de
    problèmes aux limites elliptiques.
    2004

46. J.-P. Françoise
    Oscillations en biologie: Analyse
    qualitative et modèles. 2005

47. C. Le Bris
    Systèmes multi-èchelles: Modélisation
    et simulation. 2005

48. A. Henrot, M. Pierre
    Variation et optimisation de formes:
    Une analyse géometric. 2005

49. B. Bidégaray-Fesquet
    Hiérarchie de modèles en optique
    quantique: De Maxwell-Bloch à
    Schrödinger non-linéaire. 2005